ひと工夫でこんなに差が出る！

驚きの家庭菜園マル秘技58

『やさい畑』菜園クラブ 編

家の光協会

はじめに

家庭菜園で育てる野菜がもっとおいしくなったら、もっとどっさり収穫できたら、と思うことはありませんか？

本書は、家庭菜園で一般的に行われている栽培法に、あっと驚くひと工夫を加えて、収穫量や品質を劇的にアップしたり、病害虫に強くしたり、手間を大幅に省いたりできる、うれしい「マル秘技」を、58個紹介しています。

根鉢を崩して根をすっぱり切ってから苗を植えたり、海水を肥料として施してみたり、ちょっと変わった栽培法もたくさんありますが、たいせつなのは、まずやってみること。本書では、すべてのアイデアについて、実際に畑で栽培実験をしてその効果を確かめました。もちろん、自然が相手ですから、思うような結果を得られないこともたまにはあります。その場合も、なぜそうなったのか、どこを改善すればうまくいきそうかを考察しています。

生育法に徹底的にこだわるのも、思いきって実験的な栽培を試みるのも、家庭菜園だからこそできる醍醐味です。家庭菜園雑誌『やさい畑』で過去に紹介された栽培実験企画から、反響の大きかった選りすぐりのアイデアをまるっと1冊に詰め込みました。ワンランク上の野菜づくりを実現するために、栽培のプロが考案した驚きの技を、ぜひ実践してみてください。

ひと工夫でこんなに差が出る！

驚きの家庭菜園マル秘技58

目次

第1章 果菜類

第2章 葉菜類

第3章 根菜類

この本の見方

ひと工夫で収量や品質がアップしたり、病害虫に強くなったり手間がはぶけたりする58のマル秘技。それぞれの栽培実験を実際に行い、その方法と結果を、見開きごとに紹介していきます。右側のページでは、どのような栽培の工夫を施すのかを、マル秘技と普通技（ものによっては異なるマル秘技同士やさらに別の応用技）とを比較できるように紹介しています。左ページでは、実験の結果と検証を、写真と文章で分かりやすく示しています。

検証結果　栽培の手順　マル秘技の名前

マル秘15

ラッカセイの根切り植え

徹底比較

秘ワザ　根切り植え

根は、3分の1程度の長さを残し、はさみで切る。根はすべて切ってもよいが、このぐらい残しておくほうが、植えつけ後に株が安定する。

植えつけは、深植えがよい。植え穴を掘り、いちばん下の本葉のすぐ下まで土に埋めると、その部分からも新しい根が伸びて、より旺盛に育つ。

ポイント　しっかり水やりを

苗は植えつけ前に水をたっぷり与え、明るい日陰で2時間ほど吸わせたあと、植えつける。とくに根切り植えの場合は、新しい根が伸びて活動を始めるまで乾かないように、植えつけ後、さらに水をやって土をよく湿らせておく。

普通ワザ　普通植え

ポットから取り出した苗を、根鉢を崩さずに植えつける。根鉢が収まる深さに植え穴を掘る。

プロ直伝　じかまきと移植

じかまきは根が深く張るものの、株が立ち上がりやすいうえ、種まき直後は鳥害に遭いやすいので、セルトレーやポットで苗を育てて移植栽培するほうがおすすめ。

栽培実験の目的と条件

目的

ラッカセイは、子房柄と呼ばれる細長い器官が、地上から地中に潜り込み、その先にさやがつきます。そのため、株が勢いよく立ち上がりすぎると子房柄が地表に届かない場合も出てきます。根を切って苗を植えることで、新たな細根がどんどん横に向かって伸び、それにつれて地表の茎も横に地を這うように伸びるので、子房柄が地中に入りやすくなると予測しました。

また、空気中の窒素から養分をつくり出す根粒菌は、新しい根につきやすい性質があるので、根を切って株を若返らせることで、さらに生育がよくなるはずです。

条件

植えつけ時期：5月中旬、収穫時期：10月中旬。畝幅：40cm、畝の高さ：10cm、株間：30cm。2条植えにしてもよい。比較のため、無肥料、土寄せなし、管理は除草のみ。

36

検証結果

サイズがそろい、収量アップ

秘ワザ　根切り植え

全体的に左右に大きく広がっている。茎が横に長く伸び、随所から葉が伸びているため、たがいに陰にならず、光合成もよく行われたと考えられる。さやの粒の大きさがよくそろい、小粒のものは少ない。

普通ワザ　普通植え

「根切り植え」に比べると、株の中央に葉や茎、さやが固まり、全体に丸くまとまっている。茎は横に広がることなく、先端が勢いよく立ち上がっている。さやは「根切り植え」よりも数が少なく、小さいものも多い。

収穫時に地表部分を見ると、「根切り植え」は株が平たく同心円状に広がり、「普通植え」は草丈がやや高めでこんもりと茂りました。掘り上げてみると、「根切り植え」は、茎が横に長く伸び、さらに茎の途中から側枝が多く伸びだしていました。形のそろったさやが、茎のつけ根から先まで途切れることなくついています。

「普通植え」は、早くから花が咲き始めたため、株の中心にさやが密集したようです。また、茎の先端が立ち上がっており、子房柄がそのまま枯れてさやにならないものも多かったと考えられます。

それに対して、「根切り植え」は株が若返ったため、茎の生長と開花が同時に起きて全体としては花数が増え、さらに茎が横に伸びたおかげで子房柄が確実に地中に入り、さやになったのでしょう。

37

実験結果に対する考察

比較写真ですぐ分かる、
実験の結果と
マル秘栽培の効果

秘ワザ　マル秘技の、一般的な栽培法とは異なるひと工夫の施し方

応用ワザ　比較のためにおこなう、マル秘技の応用的な栽培法

普通ワザ　マル秘技にたいして、一般的によくおこなわれる栽培の仕方

栽培実験の目的と条件

「目的」では、どのようなねらいで実験をするのか、また、どのような根拠でそのマル秘技の効果を期待するのかをまとめます。「条件」は、比較実験をおこなうにあたっての栽培条件です。

ポイント　マル秘技の成功率を高めるためのワンポイント

プロ直伝　各栽培に共通する、知っておきたい豆知識

栽培条件などによっては、効果の現れ方に差が出る場合があります。本書はすべて関東地方で実験を行いました。
効果をわかりやすく示すため、デザイン上、比較写真の比率を変えているものがあります。

第1章

果菜類

マル秘1

トマトのポットそのまま植え

徹底比較

栽培実験の目的と条件

目的

トマトは、日がよく当たる乾燥した気候を好むため、高温多湿の条件下で栽培すると、水っぽくて味がぼやけたものになりがちです。そこで、育苗ポットを外さずにそのまま植えつけることで、「乾燥」というトマトにとっての好条件をつくり出そうと考えました。

ポットによって根の伸びが抑えられ、その結果水分の吸収が抑えられて株が乾燥状態になるため、果実の糖度が高まるはずです。株が吸い上げる水分量の変化が少ないので、果肉がしっかりとして、果皮が割れにくくなる効果も期待できます。また、適度なストレスがかかるため抵抗性が高まり、病害虫にも強くなるはずです。

条件

植えつけ時期：5月中旬、収穫時期：7月中旬～。畝幅：40㎝、畝の高さ：10㎝、株間：50㎝。

秘ワザ ポットそのまま植え

植え穴をあけ、ポットごと苗を植えつける。根が伸びやすいようにポットの底を土に密着させ、苗の土面と畑の土面が同じ高さになるように調節する。土が乾いているときは、あらかじめ植え穴にたっぷりと水を注いでおく。植えつけ後、ポットの外に支柱を立て、ひもで誘引する。

＼ポットごと定植／

ポイント 摘芯で実つきをよくする

草丈が伸びたら、果実を充実させせるため、主枝を切る。切る位置は、下から5～6段めの果房の上あたり。果房の上に2枚ほど葉を残して切るのがコツ。長期収穫を目指す場合は摘芯をしなくてもよいが、真夏の暑さで株疲れを起こすことがあるので注意する。

プロ直伝 自根苗でOK

接ぎ木苗の台木は、根の伸びが旺盛で病害虫に強い品種が使われているが、「ポットそのまま植え」は根張りがよく、病害虫にも強いので、自根苗でOK。

普通ワザ 普通植え

根鉢が収まる大きさの植え穴をあけ、ポットから取り出した苗を、根鉢を崩さずに植えつける。植えつけ後、支柱を立てて誘引する。

検証結果

糖度、品質ともワンランクアップ

秘
ワザ

ポットそのまま植え

糖度を測ると、上出来のレベルといえる6.3度を記録。果実の大きさは普通植えよりひと回り小さいが、果肉はしっかりとしてゼリー部分もおいしい。大きくするには、1果房2〜3個に摘果するとよい。

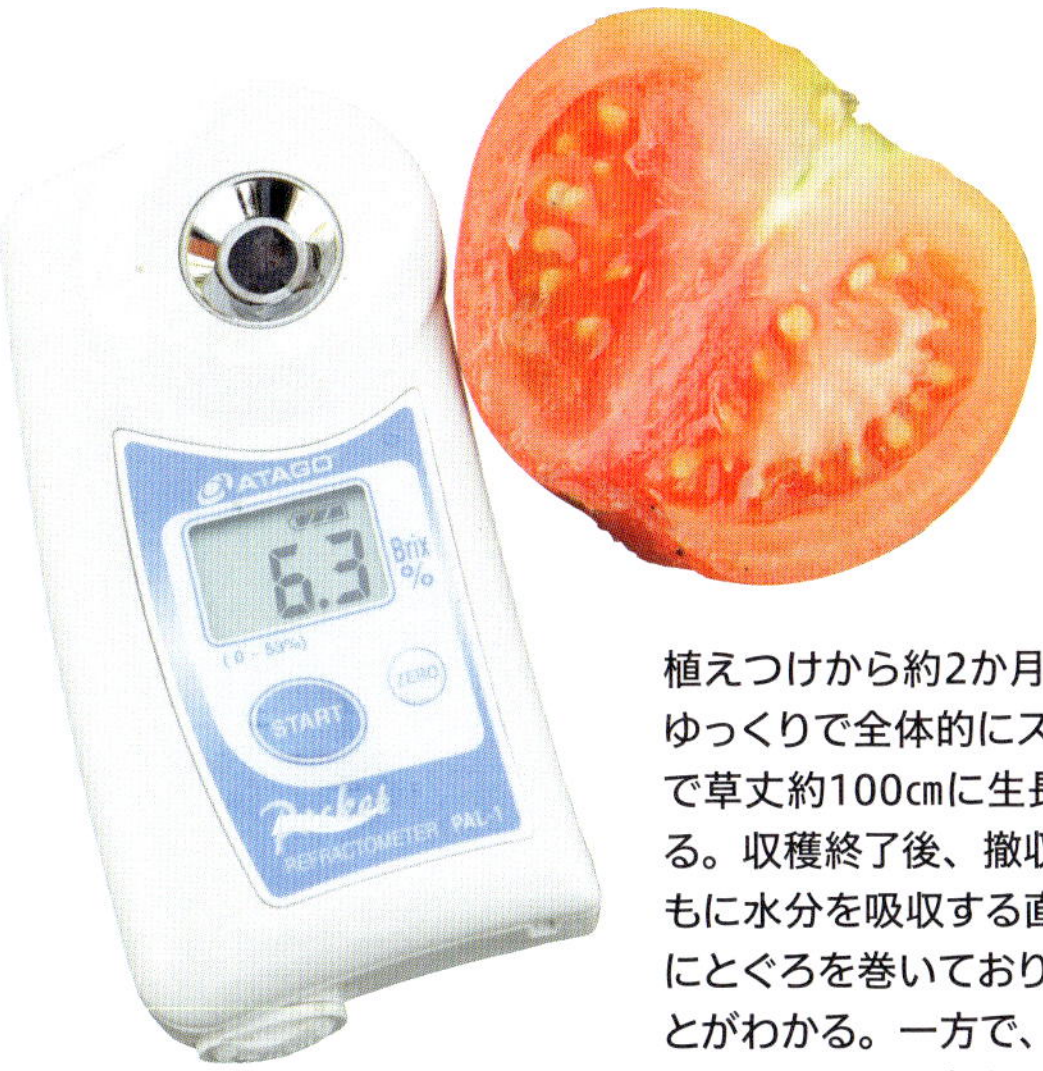

植えつけから約2か月で収穫が始まった。生育はゆっくりで全体的にスリムな印象だが、この段階で草丈約100㎝に生長し、4段めまで結実している。収穫終了後、撤収時に根を掘り上げると、おもに水分を吸収する直根がポットの外へ出られずにとぐろを巻いており、株が乾燥状態にあったことがわかる。一方で、おもに養分を吸収する側根は、しっかりと底穴から外へ伸びている。

普通
ワザ

普通植え

糖度5.1度という数値は、露地栽培にしては高いが、「ポットそのまま植え」に比べると低調で、果実は大きいが、果肉はやわらかめ。

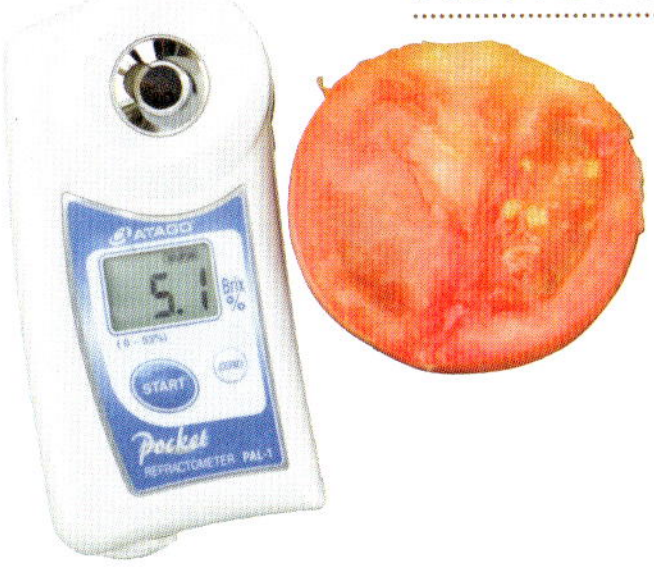

植えつけから2か月後には、支柱の高さを超えるほど草丈が伸びた。この時点で、草丈約135㎝になって5段まで結実し、1段めの果実が赤く色づき始めていた。6段めは開花中で、すでに下葉は枯れ始めた。撤収時に根を掘り上げて見てみると、根の伸びは制限されずに、放射状に広がっている。直根も長く伸び、水分をたっぷり吸収していることがわかる。

晴れた日が続いた7月中旬、赤く熟した果実を収穫し、糖度を測定しました。「普通植え」の糖度は5・1度。甘くて酸味もあり、家庭菜園ならじゅうぶん合格といえるレベルでした。

一方、「ポットそのまま植え」は、果実の外見はほとんど変わりがないものの、糖度は6・3度の高さになりました。トマトは、糖度4〜5度もあればじゅうぶんおいしく、6度を超えると上出来なレベルです。「普通植え」とは1度以上の差があり、食べてみると、明らかに「甘い!」と感じられるほどの差がありました。さらにうまみも増して、味わいは濃厚に。果肉は締まり、ゼリー部分は甘くおいしく感じられました。測定したのは糖度だけですが、「ポットそのまま植え」によって、全体的に品質が向上したといえそうです。

マル秘2

トマトの合体栽培

秘ワザ 合体栽培

①畝の中央に大きめの植え穴をあけ、苗にたっぷりと水を含ませたうえで、大玉とミニの苗をできるだけ近づけて植える。植えつけ後、仮支柱を立てて誘引する。

②植えつけの7〜10日後、2本の茎を寄せてみて、できるだけ低いところを接ぐ位置とする。接ぎ合わせる場所の表皮を、カッターで長さ3〜5㎝、幅1㎝、深さ3㎜ほど削り取る。

③合体部分を市販の接ぎ木用テープで固定する

ポイント

接ぎ木のコツ

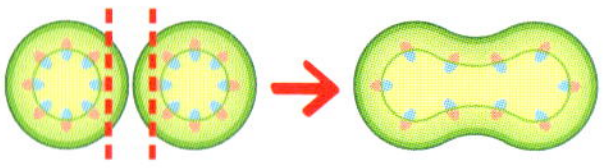

表皮のすぐ内側にある維管束(根から養水分を吸い上げる導管と、葉などで作った糖分などを運ぶ師管から成る)まで削り、双方の維管束が接するように、削った箇所同士を接ぎ合わせる。

徹底比較

〈接ぎ木の2週間後〉

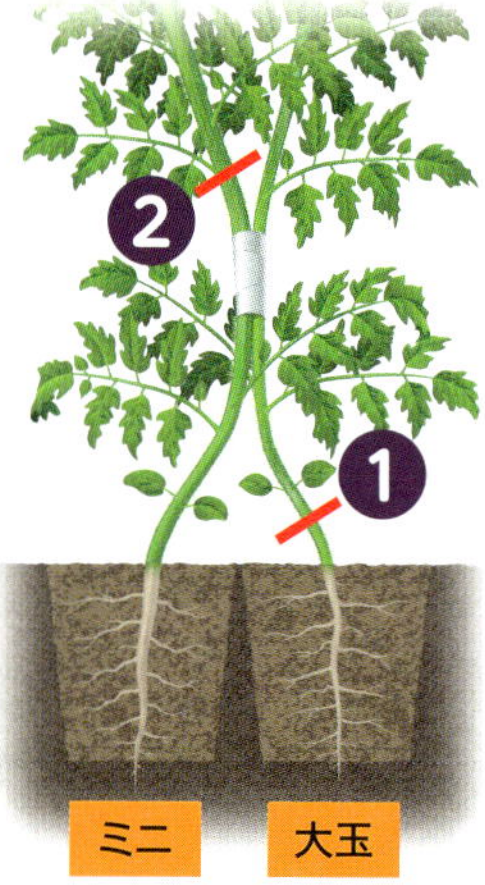

切断後、生かすべき株がしおれてきたら、水やりして回復を待つ。回復しなければ接ぎ木は失敗なので、生き残っているほうがあれば、その株を育てる。

1 秘ワザ ミニの根で大玉とミニを育てる

接いだ部分より下で大玉トマトの茎を切る。ミニ1株分の根で大玉とミニの両方を育てることになる。

2 秘ワザ 2株分の根で大玉のみ育てる

接いだ部分より上でミニトマトの茎を切る。大玉とミニの2株分の根で大玉のみを育てることになる。

栽培実験の目的と条件

目的

味はよいものの、病気に弱く暑さが苦手な大玉トマトと、丈夫で病気に強いミニトマトを接いで合体させ、双方のよいとこどりでトマトを育てます。台木と穂木を接ぎ合わせる接ぎ木は難易度が高い技術ですが、2本の株の茎同士を接ぐこのやり方なら、家庭菜園でも比較的取り組みやすいでしょう。市販されている定植適期の苗を使い、接ぐのは畑に植えつけたあと。個々の作業に慎重さは必要ですが、接ぎ木後は特別な手当ては必要ありません。

「2株分の根で大玉トマトのみを育てる」方法と「ミニの根のみで大玉とミニの両方を育てる」方法を比較しました。

条件

植えつけ時期：5月中旬、収穫時期：6月下旬～。畝幅：60㎝、畝の高さ：10㎝、株間：50㎝。

検証結果

どちらも草勢が衰えず、どっさりとれた

秘ワザ 1

ミニの根で大玉とミニを育てる

収穫が始まったのは、ミニは6月下旬、大玉はやや遅れて7月上旬。ミニの生育や収量は普通栽培との差はない。大玉は8段まで着果し、普通栽培とほぼ同じ収量になった。

秘ワザ 2

2株分の根で大玉のみ育てる

旺盛に着果した。収穫が早まって生育期間も長くなり、大玉は9〜10段まで果房が伸びた。とくに質のよい実がとれる3〜5段めの着果数が多く、1果房に5〜8個の充実した実ができた。普通栽培に比べて収量は1.5倍になった。

2株分の根で大玉を育てるパターンでは、普通栽培より1週間ほど早く収穫が始まり、最終的に1・5倍の量がとれました。2株分の根が吸い上げる養水分が、株の生育と開花・結実にバランスよく回ったものと考えられます。8月に、もう一方のパターンや普通栽培の株に葉枯れがめだったのに比べると、葉が青々として勢いがあり、着果も旺盛。1株平均で31・3個の実がつきました。

一方、ミニの根で大玉とミニを育てた株は、どちらも普通栽培と差はありませんでした。大玉は8段まで着果して1株平均21・7個の収穫があり、普通栽培と変わらぬ収量です。スタミナがあって病気に強いミニの根で育てると、大玉もミニもたくさんとれることがわかりました。高温期も草勢が衰えることはありませんでした。

マル秘 3

トマトの早植え

徹底比較

栽培実験の目的と条件

目的

ナス科の果菜類は、気温や地温がじゅうぶんに上がってから植えつけるのが基本ですが、トマトは、ナスやピーマンに比べて生育適温が低く、なんと5℃でも生育可能です。むしろ暑さが苦手なので、なるべく早い時期に植えたほうがよく育つのではないかと推測しました。

そこで、ビニールトンネルや不織布など、家庭菜園でも一般的に使われている保温資材だけを使い、どこまで早く植えられるか、どれだけ早くとれるのか、収量はどうなるのかを調べました。

条件

植えつけ時期：3月上旬～、収穫時期：5月中旬～。畝幅：90㎝、畝の高さ：10㎝、株間：50㎝、条間：60㎝。

秘ワザ 早植え

植えつけの2週間前に土作りを済ませて透明のポリマルチを張る。さらに換気穴のあいたビニールトンネルをかけて、植えつけまでに地温を上げておく。

植えつけは3月7日と24日。苗がトンネルの天井につかえないようにするため、地面に寝かせて植えつける。

保温効果をより高めるため、大小2種類のトンネルを用い、ビニールとビニールの間に空気の層をつくる。穴あきのトンネルであれば、換気をしなくても日中高温になり過ぎず、夜間の保温性も高い。10株の苗を植えつけた後、不織布をべたがけし、トンネルを閉じる。

ポイント 植えつけ後の管理

トンネル内の温度が上昇しすぎたら、不織布のトンネルを外し、ビニールを一重にするなどの対策を行う。

普通ワザ 普通植え

5月1日に植えつけ。透明マルチを張った畝に苗をまっすぐに植えつけ、保温対策はとらない。植えつけ当初は仮支柱を立てて固定し、後に長い支柱を立てて誘引する。

検証結果

収穫期が長くなり、収量も伸びた

㊙ワザ

早植え

(3月7日植え)

5月16日に最初の実を収穫。普通植えに比べて、約1か月半も早く収穫できた。最大10段まで着果し、ひと株平均の着果数は平均33個だった。

早植え

(3月24日植え)

5月中旬には3月7日植えとの草丈の差はほとんどなくなり、初収穫は5月30日。「普通植え」より1か月早く収穫できた。最大12段まで着果し、ひと株平均の着果数は32.8個だった。

普通ワザ

普通植え

(5月1日植え)

初収穫は6月25日。最大10段まで着果し、ひと株平均の着果数は27.9個だった。

〈植えつけ日別の段ごとの着果数(平均)〉

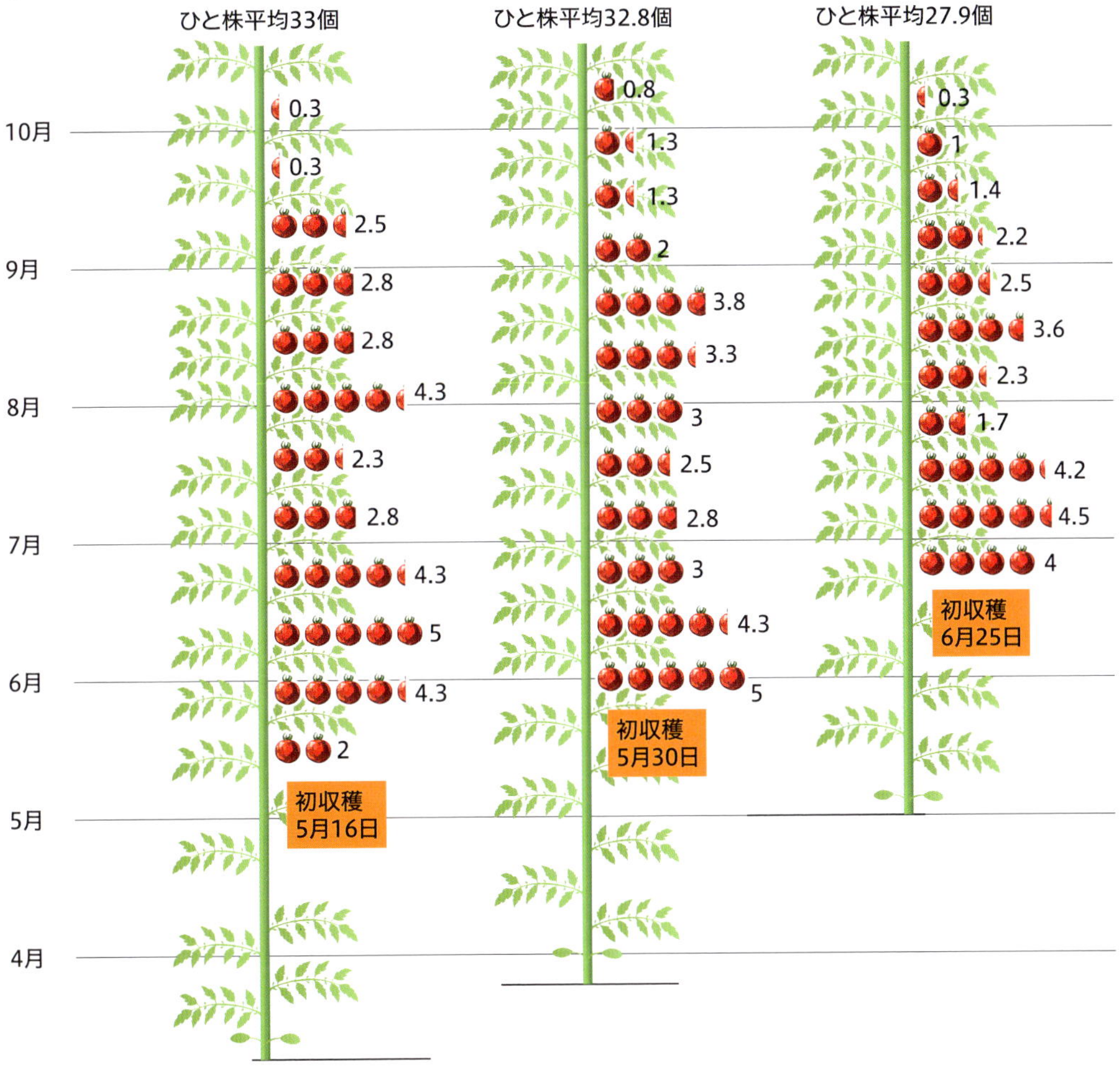

3月7日の「早植え」の株から初めて収穫できたのは5月16日のこと。同じ日に、5月1日の「普通植え」はやっと2段めが開花し始めたところなので、生育の差は明らかです。「普通植え」より1か月以上も早くとれたうえ、栽培期間が伸びた分だけ果房の段数が伸びて収量も増えました。ビニールトンネルや不織布という、ふだんから使っている簡単な資材で保温するだけなので簡単です。

しかし、3月7日植えは早くとれて収量も伸びましたが、5℃を下回る低温にあって半分近くが枯れてしまいました。一方、3月24日に植えた株は、初収穫はやや遅れましたが、収量はじゅうぶん。寒さでも枯れず、すべての株が順調に育ちました。畑のある地域の3月の最低温度を調べて、5℃を上回るようになったら植えつけるとよいでしょう。

マル秘4

トマトのアンデス栽培

徹底比較

栽培実験の目的と条件

目的

現在のトマトの原種である野生種は8種類あり、ガラパゴス諸島を除くと、南米のエクアドルからチリ北部に至るアンデス山脈と太平洋の間に自生しています。そこは冷たい風と乾燥にさらされた、大小の石が混じった痩せた土地です。そう考えると、雨が多く、夏の気温が30℃を超える日本は、トマトの栽培に適しているとはいえません。そこで、菜園に原産地と同じような環境を再現することに。野性を取り戻したトマトは、はたしてどんな生育をみせるのか、トマトの原種に近いミニトマトで試しました。

条件

畝サイズ：直径約2m、高さ約70㎝、雨よけ：高さ2m70㎝。上部から主枝をつり下げて誘引する。株数と株間：3株（高さ70㎝の頂上部と50㎝の中腹に株間約50㎝で定植）。普通栽培は、畝幅：60㎝、畝の高さ：10㎝、株間：50㎝で、雨よけあり。

秘ワザ アンデス栽培

①大きめの石を直径約2mで円形に並べ、その中にスコップ2杯の堆肥と土を施し、高さ20㎝ほどにする。

②大小の石を鎮圧しながら厚く積み重ねて、高さ約70㎝の山をつくる。

③山の頂上と中腹に計3本の苗を植えつける。苗は植えつけ前に水を十分にやり、その後は基本的にやらない。

植えつけの3日後にひどくしおれたさいに1度水やりをした。初期生育は「普通栽培」に劣ったが、7月以降勢いを増し、7月中旬～8月上旬に収穫のピークを迎えた。

普通ワザ 普通栽培

株間50㎝で植えつけ、雨よけを施す。「アンデス栽培」同様、7月中旬～8月上旬に収穫のピークを迎えた。

検証結果

秋まで多収で糖度もアップ

秋ワザ

アンデス栽培

果実は弾力があり、しっかりとしていてうまみが濃厚。糖度は秋が深まるほど高くなり、最高7.7度と、家庭菜園では上出来のレベル。収穫後の株を引き抜いて確認すると、果房の数も「普通栽培」を上回った。

主枝の長さ 約4m90㎝

先端部までしっかり結実している

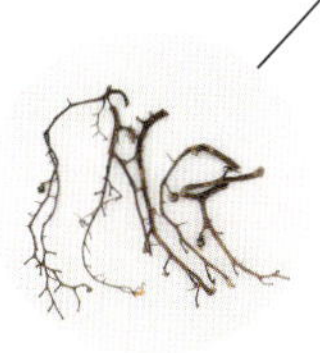

果房数は27。房全体が大きい

雑草が生えにくく、除草不要

平均糖度6.8度

普通ワザ

普通栽培

平均糖度6.3度

「アンデス栽培」と同様、12月下旬まで育ったが、晩秋はほとんど実がつかなかった。糖度は平均して0.5度ほど「アンデス栽培」より低かった。味もやや水っぽくぼやけた印象。肥料分は元肥だけだが、それでも栄養過多の症状がみられた。

先端部は結実せず

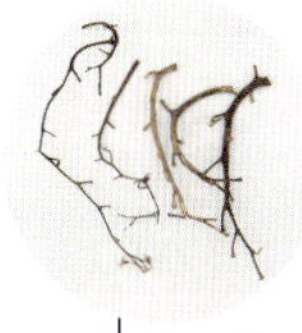

果房数は22

雑草が生えやすく、除草が必要

主枝の長さ 約4m40㎝

「アンデス栽培」、「普通栽培」ともに7月中旬～8月上旬に収穫のピークを迎え、気温が高くなる8月中旬～9月上旬は収量が減りました。

しかし、「アンデス栽培」はその後の草勢回復が目覚しく、再び実をつけるようになり、甘みや食味は初夏に比べてグンと向上しました。冷涼な秋の気候が適しているようで、収穫は12月下旬に強い霜が降りるまで続きました。一方の「普通栽培」は11月になると結実しにくくなり、ほとんど収穫できなくなりました。

生育の差を探るため、株が完全に枯れてから根を掘り上げてみると、「普通栽培」は弱々しい根が浅く広がっていたのにたいし、「アンデス栽培」は鉛筆ほどの太さの立派な根が石の合間をぬって力強く伸びていました。枝分かれした複合果房も多く、優秀な株であることが分かりました。

マル秘 5

トマトの袋がけ栽培

栽培実験の目的と条件

目的

家庭菜園雑誌『やさい畑』に小学4年生の女の子から手紙が寄せられました。「野菜の好む色はなんですか？　何色の紙を掛けると、おいしくなったり早く大きくなったりしますか？」との発想豊かな質問です。果実に紙の袋を掛けて日焼けを防ぐといったことはよくありますが、野菜ではあまり聞いたことがありません。しかし、もしかしたら野菜でも実に袋がけをすることで日照の条件を変え、生育に差が出るかもしれません。透明と赤・青・黄・緑色の半透明のセロハンの袋とアルミホイルをトマトの実に掛けて、実験してみました。

条件

植えつけ時期：5月上旬、収穫時期：7月上旬。畝幅：60㎝、株間：40㎝。透明マルチを張り、主枝1本仕立てに。

徹底比較

秘ワザ　透明セロハン袋掛け栽培

受粉後、花が落ちて着果した果房に袋掛けする（無色透明のほか、赤・青・黄・緑色の半透明セロハンを使用）。第1果の直径は2〜3㎝。

光を完全に通す透明セロハンの影響がどう出るか。また、色による差は生じるのか。

応用ワザ　アルミホイル掛け栽培

完全に遮光するアルミホイルで実を覆う。

普通ワザ　袋なし栽培

通常どおり、袋を掛けずに栽培。

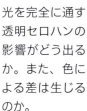

検証結果

透明セロハンで色づきが早まった

秘 ワザ

透明セロハン袋掛け栽培

袋なし栽培や「アルミホイル掛け栽培」と比べて明らかに早く色づき、ひとあし先の収穫となった。

袋掛け4週間後の第1果房

＼成熟に10日の差／

「透明セロハン袋掛け」と「アルミホイル掛け（遮光）」の同じ日の様子を比較すると、成熟度の差は一目瞭然。

応用 ワザ

アルミホイル掛け栽培

果皮が白くなり始めているのは、赤く色づく前段階。遅れてはいるが成熟は進んでいる。

普通 ワザ

袋なし栽培

順調に色づき、「透明セロハン袋掛け栽培」よりは遅れているが、アルミホイル掛けよりは早い。

実際の実験では、赤・青・黄・緑色の半透明セロハンの袋掛け栽培も試しましたが、色による差はなく、透明セロハンの株の生育の早さが突出していました。植えつけ約2か月後の7月上旬に、第1果房の収穫が始まりました。

アルミホイルで遮光したトマトは明らかに生育が遅れたため、光の透過率による生育の早さの差は確認することができました。一方で、カラーセロハンを掛けた実はほぼ同様に色づきが遅れた程度。色による差、つまり光の波長はあまり関係ないことが分かりました。透明セロハンを掛けた果房の着色・成熟が早いのは、光の透過率が高いことと温度の上昇が要因と考えられます。

また、雨よけの役割を果たし、劣果を防ぐメリットもあります。セロハンと袋が密着して実が焼けないよう、隙間をつくるのがコツです。

マル秘6

ナスの落ち葉床栽培

徹底比較

栽培実験の目的と条件

目的

深さ50〜60㎝の溝を掘って、底に茅(ヨシやススキなど)を敷き、さらにその上に大量の落ち葉を入れて踏み固め、埋め戻す「落ち葉床栽培」。土の中で腐敗せず、ゆっくりと分解して養分が少しずつ溶け出すため、肥料を施す必要がありません。落ち葉は養分になるだけでなく、分解時に微生物の働きで発熱して地温が1〜2℃上がるので、寒い時期から土壌生物や微生物の活動が活発になり、土が肥沃になる効果もあります。さらに、その畝だけでなく広い範囲で水はけが大幅に改善し、根の健康が保たれます。いいことずくめの落ち葉床栽培の効果を、ナスを育てて確かめます。

条件

植えつけ時期：5月中旬、収穫時期：7月下旬〜11月下旬。畝幅：60㎝、畝高：15㎝、株間：50〜60㎝。元肥・追肥なし。落ち葉床は2月頃まで準備可。

秘ワザ 落ち葉床栽培

植えつけ前年の11月頃に落ち葉床をつくる。長さ5mの落ち葉床をつくるのに必要なのは、60ℓ袋を10〜12袋分の落ち葉と、茅(ヨシ、ススキ、チガヤなどの総称)3m程度を約30本(ひと抱え)。畝の中央にスコップで幅30㎝、深さ50〜60㎝の溝を掘り、溝の底にカラカラに乾いた茅を敷き詰める。

ポイント

籾殻で代用も

乾燥した籾殻を厚さ5〜7㎝程度敷き詰めると、茅の代用になる。分解がやや早いため、持続性はやや劣る。

茅の上によく乾いた落ち葉を敷き詰める。目安は、溝が落ち葉でほぼ埋まる程度まで。その後、落ち葉の上を歩き、踏み固める。最後に、溝から掘り上げて周囲に積み上げていた土をスコップで溝に戻し、完全に埋める。翌年5月中旬に苗を植えつける。2〜3年めに最大の効果を発揮し、5年ほど続く。

ポイント

土の戻し方に注意

落ち葉のすぐ上には大きな土の塊(ごろ土)を入れると、隙間ができて土中に酸素を保ちやすくなり、根の腐敗を防げます。

普通ワザ 普通栽培

「落ち葉床栽培」同様の畝幅、株間で苗を植えつける。

検証結果

追肥なしで秋ナスまで多収を実現

普通栽培ワザ

夏以降、肥料ぎれによる株疲れを起こし、秋になると早々に枯れてしまった。

秘ワザ 落ち葉床栽培

11月下旬とは思えないほど枝が大きく広がり、果実の量も多い。無肥料でも果実のなり疲れが起きなかった。

葉も落ち、栽培はとっくに終了

11月下旬とは思えないほど元気!

〈2年め〉
(7月下旬)

普通ワザ

落ち葉床より劣るが、1年めより生育がよい。落ち葉床の効果が隣の畝にまで及んだか。

秘ワザ

生育は1年めよりもさらによく、葉の1枚1枚も大きい。無肥料栽培とは思えないでき。

「肥料食い」というほど、ナスは十分な肥料が必要です。肥料が切れると株が夏ばてを起こし、秋ナスの収穫ができなくなることも。

「普通栽培」では、まさにその症状が発生。草丈も低く、枝分かれも少ないまま、夏前に果実を多くつけただけで、秋には勢いが衰えて早々に枯れてしまいました。たいして、「落ち葉床」のナスは驚くほどよく育ちました。夏ばてを起こすこともなく果実をつけ続け、そのまま秋ナスもよくとれました。さらに、霜が降りる晩秋まで収穫ができました。

樹形も左右にきれいに枝が伸びましたが、これは、根も含めてナスの株がすくすくと育った証拠です。「落ち葉床」は、果菜類、葉菜類の多くの野菜に効果があります。ダイコンやゴボウなどの根菜類はまた根になりやすいので、避けたほうがよいでしょう。

マル秘 7

曲がりキュウリの針矯正法

栽培実験の目的と条件

目的

大正14年創刊の農家向け雑誌『家の光』の昭和11年9月号の記事に、「表皮を切ることで曲がったキュウリが直る」と記されています。また、昭和26年5月号の同誌にも、「曲がったキュウリの外側の皮の部分にキリや釘などで小さな傷をつけて曲がりを直す」という、類似した記事が載っています。この昭和初期の知恵がいまに活きるか、実験してみました。また、トウガラシの辛みは栽培中のストレスによって影響を受けます。

この事実をもとに、環境要因ではなく針を刺すという直接的なストレスを与えることで手軽に辛みを増すことができるかもしれないという仮説をたて、シシトウとトウガラシに針を刺す実験も合わせて行いました。

条件

それぞれ、針を刺す以外は通常栽培。

徹底比較

秘ワザ 針矯正法

『家の光』の記事では収穫2～3日前に針を刺すことをすすめているため、収穫3日前に待ち針を刺す。針を刺す位置は、曲がったキュウリの外側、背の部分。また、比較のため、開花後1～2日ですでに曲がりが見られた小さな果実にも針を刺す。

挑戦! 辛み調整もできるかも…

トウガラシ、シシトウともに、果実が3cmくらいの頃と、収穫の1週間前に針を刺す。針は、片側に刺したりくまなく刺したりと、いろいろな方法を試みた。

果実が十分大きくなり、収穫1週間前頃のトウガラシに針を刺す。

結実直後のシシトウに針を刺す。

秘 ワザ

針矯正法

針を3〜6本刺すと、キュウリの矯正に成功。収穫したキュウリを半分に切ってみると、針を刺した場所がくぼんでいて、傷の修復が行われたことがわかる。

検証結果 くぼみはあるがまっすぐに矯正された

挑戦! 辛みには変化なし

シシトウ

通常、辛みはないが、辛み成分自体は有しているため、ストレスなどによって辛くなることがあるシシトウ。針を刺した実はいびつになったが、辛みは確認できなかった。

〈針あり〉

〈針なし〉

トウガラシ

写真の2つのトウガラシは同じ株のもので、ほぼ同時期に開花結実したもの。針を刺した実のほうが赤く色づくのが早かったが、辛みについては違いは確認できなかった。

〈針あり〉

〈針なし〉

曲がりキュウリの「針矯正法」は、成功しました。針によってできた傷を修復する働きによって、ひらがなの〝し〟の字に曲がったキュウリがまっすぐに近い果形になりました。

一方で傷をつけていない場所は通常どおり生育しているため、その生育の差で曲がりが直ったのだと考えられます。

いろいろな刺し方を試したところ、もっとも強く曲がっているところに、等間隔に3〜4本の針を、深さはキュウリの太さの3分の1くらい(種に少し届くぐらい)を刺すと効果的なようです。開花後1〜2日で針を刺した小さな果実は、そのまま生長が止まり、収穫に至りませんでした。

シシトウとトウガラシの辛み調整は、形がいびつになっただけで、針刺しを行わなかった果実との味覚の差は現れませんでした。

マル秘8 オクラの多粒まき

秘ワザ 多粒まき

種同士がくっつかないよう、1か所に4～5粒まく。厚さ2㎝の覆土をし、手でよく押さえつける。種まきの約3週間後に発芽する。どの株も本葉2枚が展開し、株同士が重ならないように放射状に伸びている。

徹底比較

普通ワザ 1粒まき

1か所に1粒ずつまくこと以外の手順は、「多粒まき」と同様。オクラは、5月上旬以降であればマルチは不要だが、それ以前に植える場合はまだ地温が低いので、黒マルチを張って地温を上げる。

栽培実験の目的と条件

目的

オクラは本来、地中深くに根を伸ばす性質がありますが、雨が多い日本では浅いところで水分を吸えるので、深く根を張らなくなります。すると、水分量の影響を受けやすくなり、水分が多すぎても少なすぎてもさやがかたくなります。やわらかくておいしいオクラをコンスタントに収穫するには、できるだけ深く根を伸ばすように育てることがたいせつ。

1か所にまとめて種をまくことで、養分を分け合うので、さやの生長がゆっくりになり、収穫期が長くなります。株数が多いので、収量が増えるのもメリットです。

条件

種まき時期：4月中旬～、収穫時期：7月中旬～。畝幅：40㎝、畝の高さ：10㎝、株間：45㎝。1粒まき、多粒まきともに水やり・追肥は行わず、さやが熟すたびに随時収穫。

プロ直伝 市販苗を使うときは

ポット苗も市販されている。オクラは、直まきのほうが主根が深く伸びて生育もよいが、育てる株数が少ないときや、適期に種まきができなかったときは、市販苗を利用するとよい。幼苗が数本まとまっていることが多いので、根鉢を崩さずそのまま植えると、「多粒まき」と同様に育てられる。

検証結果

茎が細くしなやかに育ち、収量、品質アップ

秋ワザ

多粒まき

さやの生育はゆっくりで、開花から5日ほどでとりごろを迎えた。少しとり遅れても、加熱すればおいしく食べられる。株数が多いため、面積当たりの収量は多くなった。

総収量60本

＼ほっそり／

〈生育過程〉
種まきから2か月で、草丈は約55㎝ほどに。それぞれの茎や葉柄は細く、葉も小さめ。1株が枯れ、4株で生育。さらに1か月後には、根元の直径は1.8㎝（4株の平均）になった。葉は旺盛に茂っているが、全体的にほっそり。株ごとのさやの数は、「1粒まき」より少ない。

普通ワザ

1粒まき

気温が高くなった7月以降は、さやの生育スピードが上がった。1日で2㎝近く伸び、開花から3～4日でとりごろに。とり遅れて、筋張ってかたくなったものもあった。

総収量32本

＼ずんぐり／

〈生育過程〉
種まきから2か月の草丈は、「多粒まき」同様、55㎝ほどだが、茎や葉柄が太く、葉のサイズも大きい。多粒まきと比べると、ずんぐりとした姿に育っている。さらに1か月後、地上部が旺盛に茂り、根元の直径は3.4㎝に。たくさんのさやがつき、株元から生えたわき芽にもさやがつき始めた。

「1粒まき」はがっちりと、「多粒まき」はほっそりとした株になりました。その結果、さやの生長に違いが現れました。収穫の最盛期、「1粒まき」は開花から3～4日でとりごろに。一方「多粒まき」は5日ほどかかりました。

開花後1週間のさやを比べると、「1粒まき」のものは筋張ってかたく、「多粒まき」のものはやわらか。「多粒まき」なら、手入れが週1回程度の週末菜園でも、やわらかなさやを楽しむことができます。

面積当たりの収量も、「多粒まき」のほうが優勢。株数が多いことに加えて、半月ほど収穫期間が延びました。さやだけでなく、株の生育もゆっくりになり、老化が遅れたと考えられます。また、7～10月にかけて台風などの強風が何度も吹きましたが、多粒まきの株は折れることなく、収穫が続きました。

マル秘9

イチゴのハンモック栽培

徹底比較

普通栽培

普通ワザ

高さ5〜10㎝の畝を立てて苗を植えつけ、春先に黒マルチを張る。株の下にわらを敷いて実を保護することもあるが、今回は比較のためマルチのみとした。

秘ワザ ハンモック栽培

植えつけから春先のマルチ張りまでは、「普通栽培」と同じ。その後、畝全体に寒冷紗をかぶせ、株の真上にあたる部分をカッターなどで十字に切り開く。折らないように気をつけて、花房や葉を穴から引き出す。

畝の長さ分の支柱を、畝の両側と中央の3か所に渡す。

寒冷紗をぴんと張り、クリップなどで支柱に留める。

マルチ固定具のピンを押さえ板の間に支柱をはさみ、ピンの足を広げて差す。これで地上から10〜15㎝の高さに支柱を固定することができる。

栽培実験の目的と条件

目的

イチゴは実がやわらかく、傷みやすいのが悩みの種です。地面に触れた部分から傷がついたり、ナメクジなどの害虫の被害を受けたりすることもあります。傷みを防ぐために、実の下にわらを敷く方法が知られていますが、わらが簡単に手に入らないことも多く、かならずしも手軽な資材とはいえなくなっています。イチゴ農家は、ハウス内に腰高の棚を設けてプランターを設置する「高設栽培」で実が土につかないようにし、傷みのないきれいな実を作っています。そこで、寒冷紗でハンモックをつくり、手軽な高設栽培を考案しました。

条件

植えつけ時期：11月上旬、収穫時期：5月初旬〜。畝幅：60㎝、畝の高さ：5〜10㎝、株間：30㎝、条間：30㎝。

検証結果 ほぼ取りこぼしなし、歩どまり率90％達成！

㊙ワザ ハンモック栽培

傷んで食べられない実が圧倒的に少ない。ハンモックが株の下全体をカバーするため、実の取りこぼしがほとんどなかった。

寒冷紗が実を受けとめて、マルチや土への接触を防いだ。

歩どまり率 90%

大粒42個
小粒35個
傷果9個

普通ワザ 普通栽培

実がマルチや土に触れて、約3分の1が傷果に。傷果の原因は、地面に接した部分からカビが生えたり、ナメクジになめられたりすること。さらにマルチに触れて焼けたことなどによる。

実がマルチや土に触れて、病気や食害などが発生する原因になった。

歩どまり率 64%

大粒31個
小粒38個
傷果38個

収穫最盛期の5月中旬に、色づいた実をいっせいに収穫して大きさと数、状態を比較しました。実のサイズや収量に大きな違いはありませんが、収量にたいする可食果の割合＝歩どまり率に明らかな差が出ました。「ハンモック栽培」は寒冷紗が実を受けとめるため、歩どまり率は90％に。たいして「普通栽培」は64％でした。よい実を作るには、実の接地面をできるだけ小さくすることが重要だとわかりました。

寒冷紗の「ハンモック栽培」は、実が土に触れる機会がほとんどないため、傷果が圧倒的に少なくなり、ハンモックが一面を覆うので、実の取りこぼしがほとんどなかったことが奏功したようです。黒マルチだけの「普通栽培」では、マルチや土に触れていた実の多くに病気・食害・日焼けなどが生じ、3割以上が傷果となりました。

マル秘 10

イチゴとニンニクの混植

徹底比較

普通ワザ 普通植え

ポイントを参照して、植えつけ前にイチゴの苗の根鉢を崩し、吸水させておく。植え穴を掘ったらイチゴの苗の根を入れ、周りに土を入れて埋める。株の根元部分（王冠のように見えるため、クラウンと呼ばれる）を土に埋めてしまわないように気をつける。

秘ワザ ニンニクとの混植

株間45～50㎝でイチゴの苗の植えつけをすませたら、株間の中央、深さ5㎝程のところにニンニクの種球を植えていく。植えつけが遅れてしまった場合は、ニンニクの皮をむいてつるつるの状態にしてから植えると、生育の遅れを取り戻すことができる。

栽培実験の目的と条件

目的

イチゴは、ある時期に、茎や葉を伸ばす「栄養生長」から、花や実をつける「生殖生長」へと移行しますが、ニンニクと混植するとイチゴにストレスがかかり、移行の時期が早くなると考えられます。生殖生長への移行が早くなれば、花が早く咲いて開花期間が長くなるぶん、より多く実をつけると推測できます。

また、ニンニクには殺菌作用のあるアリシンが含まれ、根には抗生物質を出す微生物が共生しているので、イチゴにアブラムシを寄せつけず、なおかつ「灰色かび病」などの病気を予防する効果が期待できます。

条件

植えつけ時期：9月下旬～10月、収穫時期：5～6月。畝幅：40㎝、畝の高さ：20～30㎝、株間：45～50㎝。混植も普通植えも、イチゴの株間は同じにする。

ポイント

①苗の根鉢を崩し吸水させる

イチゴの苗は、根鉢を崩して肥料分が少ない用土を取り除く。土を落としたら、根の乾燥を防ぐため、水につけてしっかりと吸水させる。こうすることで、生育がよくなる。

②植えつけたら水をたっぷりやる

根鉢を崩して植えた苗は、根が乾きやすくなっている。「普通植え」と「ニンニクとの混植」どちらも、植えつけたらたっぷり水をやり、根の乾燥を防ぐ。

検証結果

甘くて大粒の実がたくさん

秘 ワザ

ニンニクとの混植

根がよく張り、草丈も高く生長している。5月になると気温が高くなり病気の発生率が高くなるが、株全体が立ち上がっているため風通しがよく、さらにニンニクの殺菌作用の相乗効果で、病害虫の発生なく生育が進んだ。収穫した実の平均重量は18g、平均糖度は11.2度。

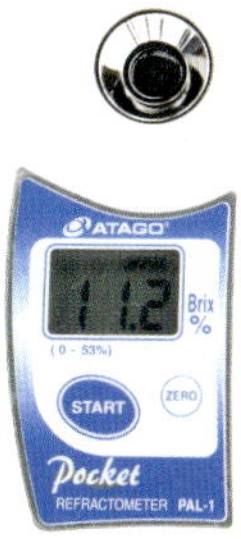

〈5月のようす〉

たくさんの実がついている。

草丈が高く株全体が立ち上がっている。

普通 ワザ

普通植え

「ニンニクとの混植」に比べると草丈が低く、こんもりとした形の株になっている。また、「ニンニクとの混植」がたくさんの実をつけ赤らんでいるものもあるのに対し、「普通植え」は、やっと実がついたところ。実の平均重量は11g、平均糖度は10.1度。

〈5月のようす〉

ようやく実がつき始めた。

葉が左右に広がってこんもり。

「ニンニクとの混植」と「普通植え」の違いが目に見えてわかるようになったのは、４月以降です。「ニンニクとの混植」のほうが、１週間ほど早く生育が進んでいました。そのため花が早く咲き始め、「普通植え」よりも先に収穫を始めることができたのです。気温が高くなると花がつかなくなるイチゴは、「ニンニクとの混植」であっても「普通植え」であっても、収穫を終える時期はほぼ同じ。ですから、早く収穫を始めることのできた「ニンニクとの混植」のほうが、結果的に収量が増えました。

　収穫してみると、実の大きさ、糖度の違いも歴然としていました。特に「ニンニクとの混植」の実の大きさは、「普通植え」の２倍に迫る勢いです。病害虫の被害を受けず、健全な葉で十分な光合成が行えたため、糖度も香りも十分に育ったと考えられます。

マル秘11

トウモロコシのトンネル冬栽培

徹底比較

栽培実験の目的と条件

目的

トウモロコシは、じつは最低気温が7℃あれば発芽し、氷点下に近い寒さにも耐える強さを持っています。そこで、気温が上がり始める2月下旬に、できるだけ早い収穫をめざして3とおりの方法で栽培を開始しました。成功のカギは、地温の低い時期を枯らさずに乗り切ること。透明マルチ、不織布、穴あきビニールトンネルを重ねてかけ、手厚く保温しました。

冬期に栽培できれば、時季外れのトウモロコシは希少性が高いうえ寒さで甘くなり、後作に高温性の果菜類を栽培できます。アワノメイガなどの害虫が発生する前に収穫できるのも利点です。

条件

種まき・植えつけ時期：2月下旬、収穫時期：5月下旬〜。畝幅：60cm、畝の高さ：5〜10cm、株間：30cm、条間：45cm。

トンネル直まき

透明マルチを張り、1穴に2粒ずつ種をまく。事前の準備もなく手軽だが、小さいうちに寒さに負けてしまうかもしれないのが心配。

トンネル苗植え

本葉2〜3枚に生長した定植適期の苗を植えつける。育苗期間の約2週間分、収穫までの時間が短縮されると予想。苗を押さえつけないように、Uピンなどを浅くさした上に不織布をかけて空間をつくるのがコツ。

ポイント 衣装ケースで育苗

植えつけの2週間ほど前に、セルトレーに種を1粒ずつまき、透明の衣装ケースに入れて育苗する。日中は換気のためにふたをずらして日なたに置き、夜間は室内に取り込む。22〜30℃をキープする。

トンネル苗溝植え

植えつける位置に深さ10cmの溝を作り、底に苗を植える。溝の底は地表より暖かいため、さらに生育が早まることを期待。マルチ、不織布、トンネルによって地表の温度が上昇し、その熱が溝の底に放出されて地温が上がると予想した。「トンネル苗植え」と同様にセルトレーで育てた苗を、溝の底に植えつける。穴なしマルチを張り、株の真上に切れ込みを入れて株を引き出す。

秘ワザ

検証結果

育苗→2か月早い5月下旬に収穫できた

トンネル直まき

途中で間引いて1本立ちにした。生育は良好で、葉先の枯れもない。苗を植えつけた畝より株はひと回り小さいが、穂のできは上々。6月上旬が収穫適期だった。

5月30日にいっせいに収穫。粒のそろいはよいが登熟途中で、とりごろはさらに1週間後と判断。

5月上旬、育苗した株より生育は遅れているが、茎はがっちりと太い。

トンネル苗植え

植えつけ後、寒さのためか葉の先と下葉が黄色くなったが、枯死したわけではない。気温の上昇とともに新しい葉が伸びてがっちりとした株に生長。5月下旬に、ベストのタイミングで収穫できた。

5月30日、雌しべが濃い茶色になり、まさにとりごろ。やや小ぶりだが、先端まで粒が入った充実した穂ができた。糖度は17.5～18.5度もあり、やわらかくて甘い。

5月上旬、雄穂がじゅうぶんに開花して花粉が雌しべにかかり、実がつき始めた株が現れる。

トンネル苗溝植え

溝に植えた分、べたがけした不織布で頭を押さえられることなく、生育は順調。途中、土を入れて溝を埋める。溝植えの保温効果で生育はもっとも早く、とりごろは1週間前だったと判断。

5月30日に収穫。粒がしっかりつまっているが、やや取り遅れぎみ。数日早く収穫すればよかったか。

5月上旬、茎はやや細いが、受粉はほぼ終わり、穂の肥大が進んでいる。

「苗植え」のとりごろに合わせていっせいに収穫したのは、5月30日。苗から始めたものは、通常より2か月も早くとれました。「直まき」は初期生育が遅かったものの、根がしっかり張るため、地温の上昇とともに急激に茎葉が生長しました。とりごろは「苗植え」と1週間しか違わないので、育苗の手間などがない直まきが作りやすくておすすめです。

冬まきにはさまざまなメリットがありました。実の肥大期は昼夜の気温差が大きく、夜間のエネルギー消費が抑えられるため、糖度の高い実ができたと考えられます。また、予想どおり害虫の被害はなし。通常の作型より早い5月下旬～6月上旬には収穫が終わるので、もう1作多く野菜が作れます。トウモロコシは過剰な肥料分を吸収してくれるうえ、残渣をすき込んで緑肥にすることもできます。

マル秘 12

トウモロコシの熱刺激栽培

徹底比較

栽培実験の目的と条件

目的

植物は、生育初期にある程度のストレスを受けたほうが、本来の能力が目覚め、たくましく育ちます。そんな能力を目覚めさせるストレスの一つが、熱刺激（ヒートショック）です。科学的な研究も進み、例えば、苗にお湯をかけると軽いやけどのような状態になり、防御機能にスイッチが入ります。お湯をかけるのが一部分であっても、性質の変化は植物全体に及ぶため、病気に対する抵抗性や新たな環境への適応性が高まります。葉や茎をしっかり伸ばすトウモロコシにこの方法を用いれば、生育や光合成が旺盛になり、糖度の高い実がつくと考えました。

条件

植えつけ時期：5月中旬、収穫時期：7月下旬。畝幅：90㎝、畝の高さ：10㎝、株間：30㎝。1条植え。元肥として植えつけ3週間前までにボカシ肥を施し、追肥はせず。

秘ワザ 熱刺激栽培

植えつけ直前の苗にお湯をかける。葉や茎にかかっても問題ない。ただし、水はけが悪いポット苗などでは、内部にお湯がたまって温度が上がりすぎると失敗の要因となるので、注意する。畑に植えつける際は、大きめの植え穴をあけ、根鉢を崩さないように取り出した苗をそのまま植えつける。最後に根鉢と土をしっかりと密着させる。

ポイント お湯の温度は50℃を厳守

お湯の温度が高すぎたり、高温にさらす時間が長すぎたりすると苗が枯死してしまうので、お湯の温度は必ず50℃に調節する。お湯をポットに入れて持参するか、携帯用コンロで沸かすとよい。

普通ワザ 普通栽培

苗にお湯はかけずに、「熱刺激栽培」と同じように植えつける。

プロ直伝 つるありインゲンの混植で育ちをよくする

トウモロコシの株間につるありインゲンを植えると、インゲンの根に共生する根粒菌が土を肥沃にしてくれるため、トウモロコシの育ちもよくなる。インゲンのつるは、トウモロコシを支柱代わりに巻きつくので一石二鳥。

ここにインゲンの種をまく。

秘 ワザ

熱刺激栽培

外見からもはっきりわかるほど粒入りのよいトウモロコシが収穫できた。害虫被害もなく、粒の列もほぼまっすぐで順調に生育したことがわかる。糖度は24.4で、バナナやブドウの中でも格別に甘いものと同レベル。

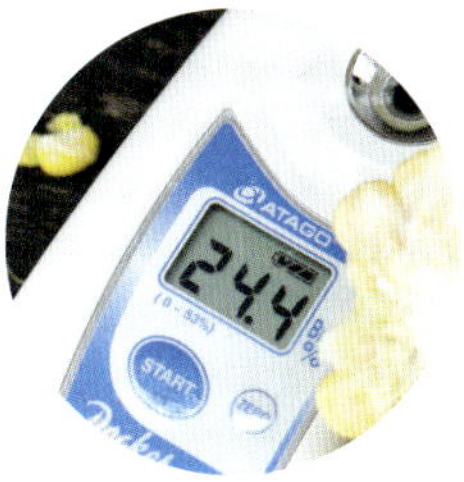

普通 ワザ

普通栽培

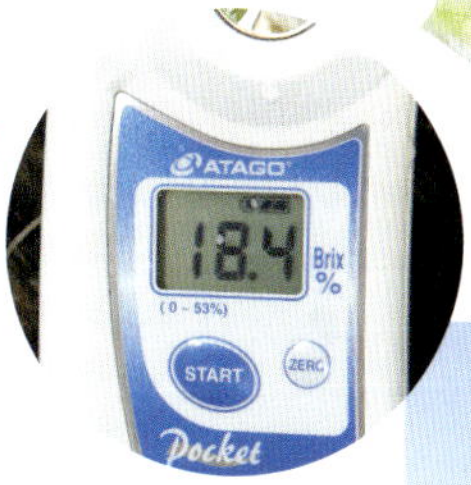

外見も見るからに細く、粒入りもまばらで列も不規則だった。アワノメイガの幼虫による被害も、普通栽培に集中した。トウモロコシとしての糖度は十分だったが、「熱刺激栽培」には遠く及ばず。

検証結果
粒入りも糖度も抜群、病害虫の被害もなし

植えつけ以降の管理は同じだったにもかかわらず、収穫期の株には大きな違いが見られました。生長の足並みがそろった「熱刺激栽培」は、外見からも雌穂の充実ぶりがわかるほどで、きれいに揃った粒がぎっしりと入っていました。糖度も、コンスタントに20度を突破する結果に。一方の「普通栽培」は、粒入りがまばらで列も不規則でした。生長の足並みがそろわなかったことが原因ではないかと考えられます。糖度も計測した範囲では20度を超えるものは見られず、害虫被害を受けたものもありました。

　どちらも受粉しにくい1列植えで栽培しましたが、「熱刺激栽培」のほうが、元気に健全に育ちました。これは、熱刺激によって病気への抵抗性が目覚め、環境にも適応して生育が活発化したためと考えられます。

マル秘13

ソラマメの籾殻くん炭栽培

徹底比較

栽培実験の目的と条件

目的

南米のアマゾン川流域に、「テラ・プレタ・ド・インディオ」と名づけられた黒くて肥沃な土があります。黒い色は炭由来のもの。窒素、リン、カルシウム、亜鉛などのミネラル分を豊富に含み、微生物も活発に活動することから「奇跡の土」とも呼ばれています。そこで、籾殻くん炭を畑の土に鋤き込んで「奇跡の土」を再現すれば、質の良い野菜が収穫できるのではないかと予測しました。微生物の活動については、マメ科の作物を栽培し、根につく根粒菌を観察すればわかるはずだと考え、ソラマメを育ててみることにしました。

条件

種まき時期：10月中旬、収穫時期：5月下旬～6月上旬。株間：50㎝。籾殻くん炭栽培の畑には、堆肥と籾殻くん炭を施して土に鋤き込む。さらに播種後、籾殻くん炭をばらまく。普通栽培の畑には堆肥のみを施して比較する。

秘ワザ 籾殻くん炭栽培

種まきの2週間前に、1㎡当たりスコップ1杯の堆肥と10ℓの籾殻くん炭を施し、丁寧に土に鋤き込みながら耕す。2週間が経過したら、株間50㎝を測り、種を2粒ずつまく。まき方のポイントは、ソラマメの黒い部分を下にすることと、種の頭が少し見える程度に埋めること。種をまいたら、上から籾殻くん炭をばらまき、土の表面を黒く覆う。

プロ直伝 籾殻くん炭とは？

20～30ℓで1000円程度。ホームセンターや園芸店で入手できる。通常は、排水性や通気性の改善など土壌改良を目的に使用する。

普通ワザ 普通栽培

畝の広さは、「籾殻くん炭栽培」と同じとし、堆肥を施してよく耕す。種のまき方も、同様に。播種後は種を土で覆った。

検証結果

根がよく育ち、3つざやが多くなった

普通栽培

普通 ワザ

1株当たりの収量の平均値は、224g。さやの大きさは、大8個、中15個、小16個。中と小ではさほど差がなかったものの、重量と大ざやの数で、「籾殻くん炭栽培」を下回る結果となった。

籾殻くん炭栽培

秘 ワザ

8株を栽培し、1株当たりの平均値を計算したところ、収量は359g。さやは、しっかりとした3つざやが多く、大12個、中15個、小15個という結果に。株は分枝の数も多く、葉のつき方も全体にボリュームがあった。

株の地上部では、大きな生育の違いは見られなかったが、根の生長には明らかな差が出た。「籾殻くん炭栽培」の根は、地表に近いところで密になり、大きな根粒もびっしり。

「籾殻くん炭栽培」も「普通栽培」も、生育は順調でした。12月に地表の温度を計ると、「籾殻くん炭栽培」のほうが1℃ほど高かったものの、どちらも無事に冬を越し、草丈もほぼ同じで推移。ただ、収穫時期の葉のつき方は「籾殻くん炭栽培」のほうが、若干ボリュームがありました。

収穫して比較すると、「籾殻くん炭栽培」は「普通栽培」よりも3つざやが多く、重量で勝る結果に。その要因と考えられるのが、根の状態の違いです。「籾殻くん炭栽培」で育った株の根には、大粒の根粒がたくさんついていました。根粒の中には、マメ科の植物と共生する根粒菌が詰まっています。空気中の窒素を取り込んで作物の養分に変える働きをする根粒菌のおかげで生育が促され、大きなさやがたくさんついたのでしょう。

マル秘14

ラッカセイの根切り植え

徹底比較

栽培実験の目的と条件

目的

ラッカセイは、子房柄と呼ばれる細長い器官が、地上から地中に潜り込み、その先にさやがつきます。そのため、株が勢いよく立ち上がりすぎると子房柄が地表に届かない場合も出てきます。根を切って苗を植えることで、新たな細根がどんどん横に向かって伸び、それにつれて地表の茎も横に地を這うように伸びるので、子房柄が地中に入りやすくなると予測しました。

また、空気中の窒素から養分をつくり出す根粒菌は、新しい根につきやすい性質があるので、根を切って株を若返らせることで、さらに生育がよくなるはずです。

条件

植えつけ時期：5月中旬、収穫時期：10月中旬。畝幅：40㎝、畝の高さ：10㎝、株間：30㎝。2条植えにしてもよい。比較のため、無肥料、土寄せなし、管理は除草のみ。

秘ワザ 根切り植え

根は、3分の1程度の長さを残し、はさみで切る。根はすべて切ってもよいが、このぐらい残しておくほうが、植えつけ後に株が安定する。

植えつけは、深植えがよい。植え穴を掘り、いちばん下の本葉のすぐ下まで土に埋めると、その部分からも新しい根が伸びて、より旺盛に育つ。

ポイント しっかり水やりを

苗は植えつけ前に水をたっぷり与え、明るい日陰で2時間ほど吸わせたあと、植えつける。とくに根切り植えの場合は、新しい根が伸びて活動を始めるまで乾かないように、植えつけ後、さらに水をやって土をよく湿らせておく。

普通ワザ 普通植え

ポットから取り出した苗を、根鉢を崩さずに植えつける。根鉢が収まる深さに植え穴を掘る。

プロ直伝 じかまきと移植

じかまきは根が深く張るものの、株が立ち上がりやすいうえ、種まき直後は鳥害に遭いやすいので、セルトレーやポットで苗を育てて移植栽培するほうがおすすめ。

検証結果

サイズがそろい、収量アップ

㊙ワザ 根切り植え

全体的に左右に大きく広がっている。茎が横に長く伸び、随所から葉が伸びているため、たがいに陰にならず、光合成もよく行われたと考えられる。さやの粒の大きさがよくそろい、小粒のものは少ない。

茎の先端部でも確実に子房柄やさやが付いている。

細い根が数多く伸びている。根粒も多い。根元からさやがつき始めている。

茎のつけ根から先のほうまでさやがついている。コンスタントに茎の生長と開花が繰り返された証拠。

普通ワザ 普通植え

「根切り植え」に比べると、株の中央に葉や茎、さやが固まり、全体に丸くまとまっている。茎は横に広がることなく、先端が勢いよく立ち上がっている。さやは「根切り植え」よりも数が少なく、小さいものも多い。

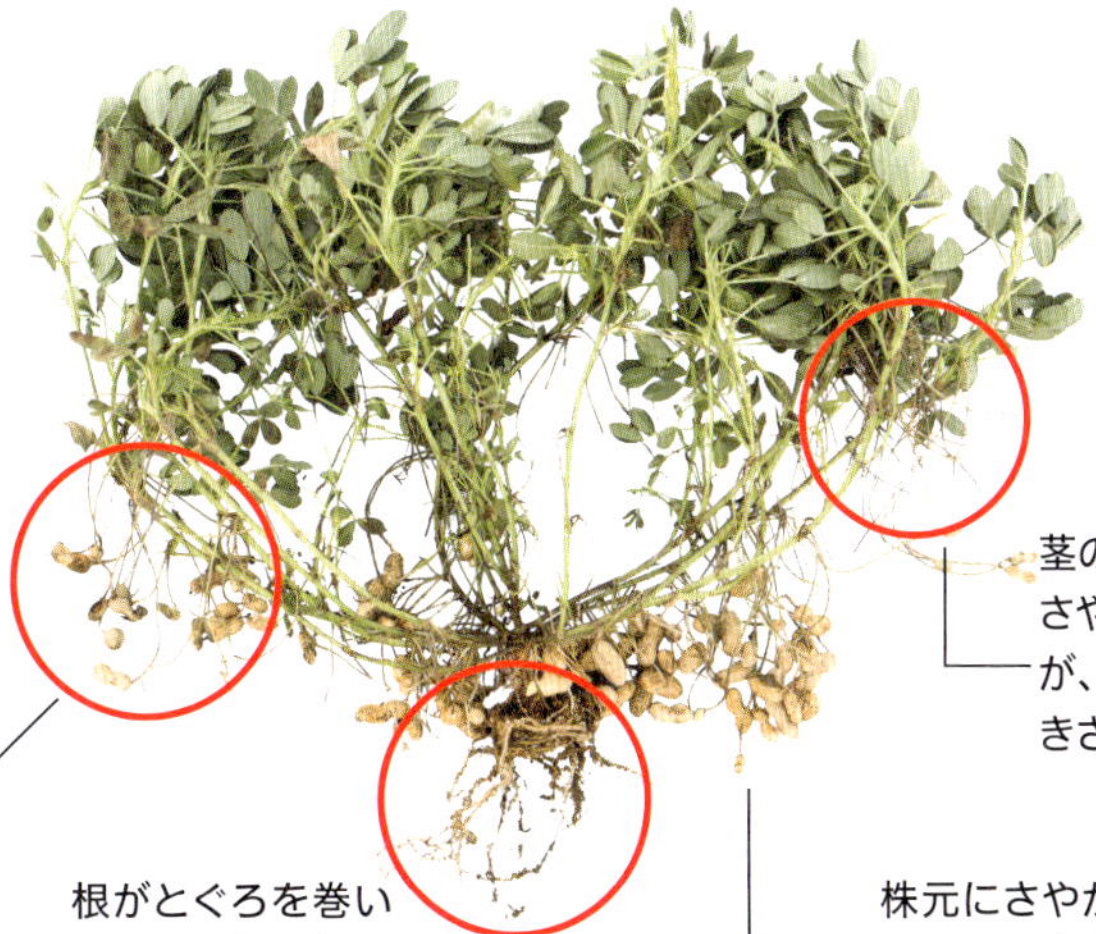

茎の中間にもよくさやがついているが、よく見ると大きさは不ぞろい。

茎の先端部では子房柄が宙に浮いて、枯れているものもある。

根がとぐろを巻いていて、細い根は少ない。根にできた根粒も少ない。

株元にさやが集中している。生育初期から花がよく咲いたことを物語っている。

収穫時に地表部分を見ると、「根切り植え」は株が平たく同心円状に広がり、「普通植え」は草丈がやや高めでこんもりと茂りました。掘り上げてみると、「根切り植え」は、茎が横に長く伸び、さらに茎の途中から側枝が多く伸びだしていました。形のそろったさやが、茎のつけ根から先まで途切れることなくついています。

「普通植え」は、早くから花が咲き始めたため、株の中心にさやが密集したようです。また、茎の先端が立ち上がっており、子房柄がそのまま枯れてさやにならないものも多かったと考えられます。

それに対して、「根切り植え」は株が若返ったため、茎の生長と開花が同時に起きて全体としては花数が増え、さらに茎が横に伸びたおかげで子房柄が確実に地中に入り、さやになったのでしょう。

マル秘15

トウガラシの辛さ調整栽培

栽培実験の目的と条件

目的

昭和7年の農家向け雑誌『家の光』に、トウガラシの辛みを調整する栽培法が掲載されています。いわく、「米ぬかを施せば辛くなり、木炭を施せば辛くなくなる」とのこと。米ぬかは、リン酸をはじめ、カルシウムやマグネシウムなどのミネラルのほか、ビタミン類も多く含む有機質肥料です。木炭は、土壌微生物の活動を活発化し、土壌の保水性や通気性を高める効果があり、連作障害なども抑えられるといわれています。そうした特徴がどのように辛み調整に作用するのでしょうか。米ぬかや木炭でトウガラシの辛みを調整できるのか、実験してみます。

条件

植えつけ時期：5月上旬、収穫時期：9月上旬。

徹底比較

秘ワザ 米ぬか栽培

収穫の1～2か月前にあたる7月上旬に、スコップ3杯分の米ぬかを施用。株元を中心に、半径30㎝ほどを2～3㎝の厚さでびっしりと覆う。株が育っても米ぬかがマルチの役割を果たし、雑草が生えなかった。

籾殻くん炭栽培

米ぬか同様、7月上旬に、スコップ3杯分の籾殻くん炭を株元に2～3㎝の厚さで施用。こちらもマルチの役割を果たし、雑草を抑制した。

普通ワザ 普通栽培

乾燥防止と雑草抑制のためにわらを敷く。しかし、完全には雑草を抑制できず。

検証結果

米ぬか栽培は3倍の辛さに

秘ワザ

米ぬか栽培

果実の先端をわずかに口に含んだ瞬間、ヒリヒリする辛みが広がった。辛さはしつこく残ってなかなか消えず、平均的なトウガラシと比べると明らかに辛い。

辛さ指数18

籾殻くん炭栽培

辛みが抑えられていることを期待したものの、十分に辛みがあった。「米ぬか栽培」に比べると劣るものの、平均以上の辛さ。

辛さ指数9

普通ワザ

普通栽培

2つのマル秘技と比べると、辛みが弱く感じられた。平均的なトウガラシの辛さ。

辛さ指数3

今回、トウガラシの辛さを測る測定方法として、①それぞれ同重量のトウガラシを1か月ほど焼酎につけて辛み成分を抽出、②抽出したエキスを200㎖の飽和砂糖水に1㎖ずつ溶かしていき、辛みを感じた段階の希釈倍率を数値に換算、という方法をとりました。その結果、「普通栽培」は6、「籾殻くん炭栽培」は9、「米ぬか栽培」は18という値になりました。

「米ぬか栽培」の辛みが増した要因として考えられるのは、米ぬかに多く含まれるリン酸の作用です。リン酸によって実が充実したために、それに伴って辛みが増したのかもしれません。一方の「籾殻くん炭栽培」でも、辛みは抑制されず、「普通栽培」よりも増しました。籾殻くん炭に肥料効果はほぼ期待できないので、なんらかのストレスによるものかもしれません。

マル秘16

エダマメの摘芯増収術

栽培実験の目的と条件

目的

「エダマメ（ダイズ）は、主枝を摘芯すると収量が増える」というのは知る人ぞ知る裏ワザです。主枝の先端の頂芽を摘み取ると、側枝（わき芽）が旺盛に伸びるようになります。さやは枝のつけ根（節）につくので、側枝が多いほど多くのさやができて、収量はアップするはずです。さらに、主枝を摘芯すると草丈が抑えられて、倒伏防止にも役立つと考えられます。では、どのタイミングで、どこを摘芯すればよいのでしょうか。一般的に適期といわれている「本葉5枚で摘芯」のほか、「双葉の上で摘芯」「初生葉の上で摘芯」の3つのパターンを比較しました。

条件

植えつけ時期：5月上旬、収穫時期：7月上旬。畝幅：60㎝、畝の高さ：5〜10㎝、株間：15㎝、条間：45㎝。植えつけの約2週間前に種まき、初生葉が展開するまで育苗して定植。

徹底比較

秘ワザ

本葉5枚の上で摘芯

初生葉が展開した苗をそのまま植えつける。

〈約2週間後〉
側枝が伸び始めている。本葉5枚が展開。その上の頂芽を摘心する。双葉の節から側枝は伸びず、双葉はまだ緑色をしている。

応用ワザ

双葉の上で摘芯

5月上旬、双葉の上で主枝を切断したうえで定植した。

〈約2週間後〉
双葉の節から側枝が2本伸びた。草丈は低めで、双葉はすでに落ちている。

初生葉の上で摘芯

植えつけ時に、初生葉の上の頂芽を摘み取る。

〈約2週間後〉
双葉と初生葉の節から、側枝が4本伸びた。双葉は黄色くなって落ちている。

検証結果

本葉5枚の上で摘芯すると最大収量に

秘ワザ 本葉5枚の上で摘芯

側枝の伸びがよく、茎葉も旺盛に生長。強い側枝が次々と伸びて、ボリュームのある株になった。

茎の長さ約60㎝
さや数74個

分枝が多く、さやの数は最多に。双葉の節からの側枝は出ないものが多かった一方、初生葉の節からは側枝が出たものが多かった。

応用ワザ 双葉の上で摘芯

本来、側枝が出ることは少ない双葉の節から太い側枝が2本伸びたが、分枝が少ないため、草丈、さやの数とも低調で、貧弱な株になった。

茎の長さ約30㎝
さや数27個

双葉の節から出た側枝からの二次的な側枝はあまり伸びず、それがさや数の少なさに影響した。

初生葉の上で摘芯

双葉と初生葉の節から一時的な太い側枝が4本伸びたが、二次的な側枝はあまり伸びなかった。

茎の長さ約45㎝
さや数54個

太い側枝からの二次的な側枝の伸びはほどほどで、草丈、さやの数とも3パターン中で中ごろのできに。

摘芯する位置によって、生育と収量にこれほどの差が出るとは思いませんでしたが、結果をみると、「本葉5枚の上で摘芯」という説は正しかったといえます。

エダマメは5枚めの本葉が展開するころ、下の節から側枝が伸び始める性質があります。分枝力が旺盛なこの時期に摘芯するのが、さやのつきをよくするポイントといえそうです。ちなみに摘芯せずに育てた株は、分枝の伸びやさやの数において「本葉5枚の上で摘芯」に及びませんでした。

双葉は初期生育に必要な養分の貯蔵庫の役割を、初生葉は光合成をして茎葉を伸ばす役割を持つといわれています。そのため、「双葉の上で摘芯」と「初生葉の上で摘芯」は、生育に必要な葉を失ったダメージが大きかったのか、分枝が少なく、さやのつきも低調になりました。

マル秘17

エダマメの根切り植え

徹底比較

栽培実験の目的と条件

目的

エダマメの甘さを決定づけるのは、糖分の量。その糖分を作るために必要なのは、たっぷりの水分と適度な光です。光は通常の栽培で足りているので、いかに水分を吸収できるかがカギになります。

根を3分の2ほど切って植えつければ、細い根が新しく伸びて水分の吸収がよくなるはずです。さらに、マメ科植物の根に共生して養分を株へ供給する根粒菌は、主根や古い細根よりも新しい根につきやすいので、生育もより旺盛になると考えられます。株にストレスがかかって抵抗性が高まり、病害虫にも強くなるはずです。一種の若返り現象なので、老化苗にも応用できるでしょう。

条件

植えつけ時期：5月中旬、収穫時期：7月中旬。畝幅：40㎝、畝の高さ：10㎝、株間：30㎝。

秘ワザ 根切り植え

苗をポリポットから取り出し、根鉢を崩して土を落とし、根をハサミで切って植え穴に植えつける。とくに長く伸びた主根を1/3の長さに切っておく。老化苗の若返り効果の検証のために、やや老化ぎみの苗を使用した。

ポイント 本葉1.5枚まで育苗する

ポリポットに種をまいて育苗し、本葉1.5枚のころに植えつける。育苗期間は約3週間。植えつけ当日の朝、水を入れたバケツにポリポットごとくぐらせ、明るい日陰に数時間置いて、じゅうぶんに水を吸わせておく。

普通ワザ 普通植え

ポリポットから取り出した苗を、根鉢を崩さずに植えつける。「根切り植え」同様、老化ぎみの苗を使った。

検証結果

収量5割アップ。甘みも増した

秘ワザ

根切り植え

「普通植え」に比べて株はひと回り大きく、草丈は約85㎝。さやの数は1株で41個を数え、「普通植え」より圧倒的に多くなった。豆の入りのよいさやが多く、1粒さやの割合が少ない。根の広がりもよく、白い若い根がたくさん伸びている。

円内は、「根切り植え」に典型的に見られた、1か所に4個のさやがついた枝。4さやとも均等に肥大し、空さやがない。

普通ワザ

普通植え

株はやや小ぶりで、草丈は約75㎝。さやのつきはまばらで、「根切り植え」の6割程度にとどまる26個。株元で根が固まっているのは、植えつけ時の根鉢がそのまま残ったためで、主根、細根ともあまり伸びていない。

根は広がりがなく、全体に黒ずんでいて老化している。円内は、「普通植え」に典型的なさやのつき方。豆が1粒しか入っていないさやも多い。

植えつけから2か月弱がたち、さやが大きくふくらんだところで収穫しました。掘り上げてみると、「普通植え」は新しい根の広がりが少なく、根切り植えは新しい細根がたくさん伸びていました。草丈や葉の茂り方、さやの数も、「根切り植え」が優勢でした。

さやのつき方を観察すると、「根切り植え」は枝の数が多いのではなく、1か所から多くのさやがついていることがわかります。

エダマメは通常、1か所に花が4〜5輪つきますが、開花〜結実期に水不足に陥ると、すべてが大きくならずに、空さやや豆の肥大が不十分な薄いさやになってしまいます。「根切り植え」は吸水がよいので、1か所に4個のさやがつく枝が多く、しかも3粒さやがめだちました。試食すると、甘さとうまみでも「根切り植え」の圧勝となりました。

マル秘18

エダマメのお盆まき

徹底比較

栽培実験の目的と条件

目的

ダイズの未熟なさやを収穫するエダマメには、夏に収穫する夏ダイズ型と秋に収穫する秋ダイズ型、その中間に収穫する中間型とあります。このうち、夏ダイズ型は春にまくのが一般的ですが、温度さえあれば開花・結実するこの型の性質を考えれば、夏にまいて秋に収穫することも可能と思われます。これに成功すれば、種まきから収穫まで170日ほど要する晩生種の秋ダイズ型に比べて短い栽培期間で、秋にダイズを楽しむことができます。お盆を中心に3回に分けて種をまき、夏ダイズ型の栽培時期をどれだけ遅らせられるか試しました。

条件

種まき時期：8月上旬〜下旬、収穫時期：9月下旬〜10月下旬。畝幅：60cm、畝の高さ：10cm、株間：15cm、条間：45cmの2条まき。

秘ワザ お盆まき

- 8月1日まき
- 8月11日まき（お盆まき）
- 8月21日まき

8月のお盆の頃を中心に、前後10日ごとに、3回に分けて種をまき、種まき日と収量の関係を探る。

〈育苗〉

種まき用の培養土を詰めたセルトレーの穴に1粒ずつ、指先の第一関節くらいの深さまで種を押し込み、覆土し、押さえつける。

たっぷり水をやり、発芽するまでは不織布を被せ、風通しのよい木陰で管理する。

白黒マルチを白い面を上にして張り、手で植え穴を掘って根鉢を崩さないように苗を植えつける。初生葉が開ききった頃が植えつけの適期。

たっぷりと水をやったら、寒冷紗でトンネル掛けし、収穫期まで外さない。

秋ワザ

検証結果
お盆まきが質と量のバランスよし

8月1日まき

9月27日に収穫。3つの中でもっとも背丈が高くなり、葉数も多い。さや数も最多となった。ただし「8月11日まき」より優良品が少なく、可食・不食品の数が多い。

さや全体　206個、390g
さや数は多いが、優良品の数はそこそこ

8月11日まき（お盆まき）

10月10日に収穫。背丈は「8月1日まき」より少し低くなり、葉数も明らかに少なくなった。さやの数も少なくなったが、優良品は「8月1日まき」よりも多い。

さや全体
180個、425g
さや数は「8月1日まき」より減ったが、優良品は増加

8月21日まき

10月21日に収穫。背丈はさらに低くなり、葉数だけでなく葉自体も少し小さくなった。さやの数は「8月11日まき」よりずっと少なくなり、不稔さやも多めだった。

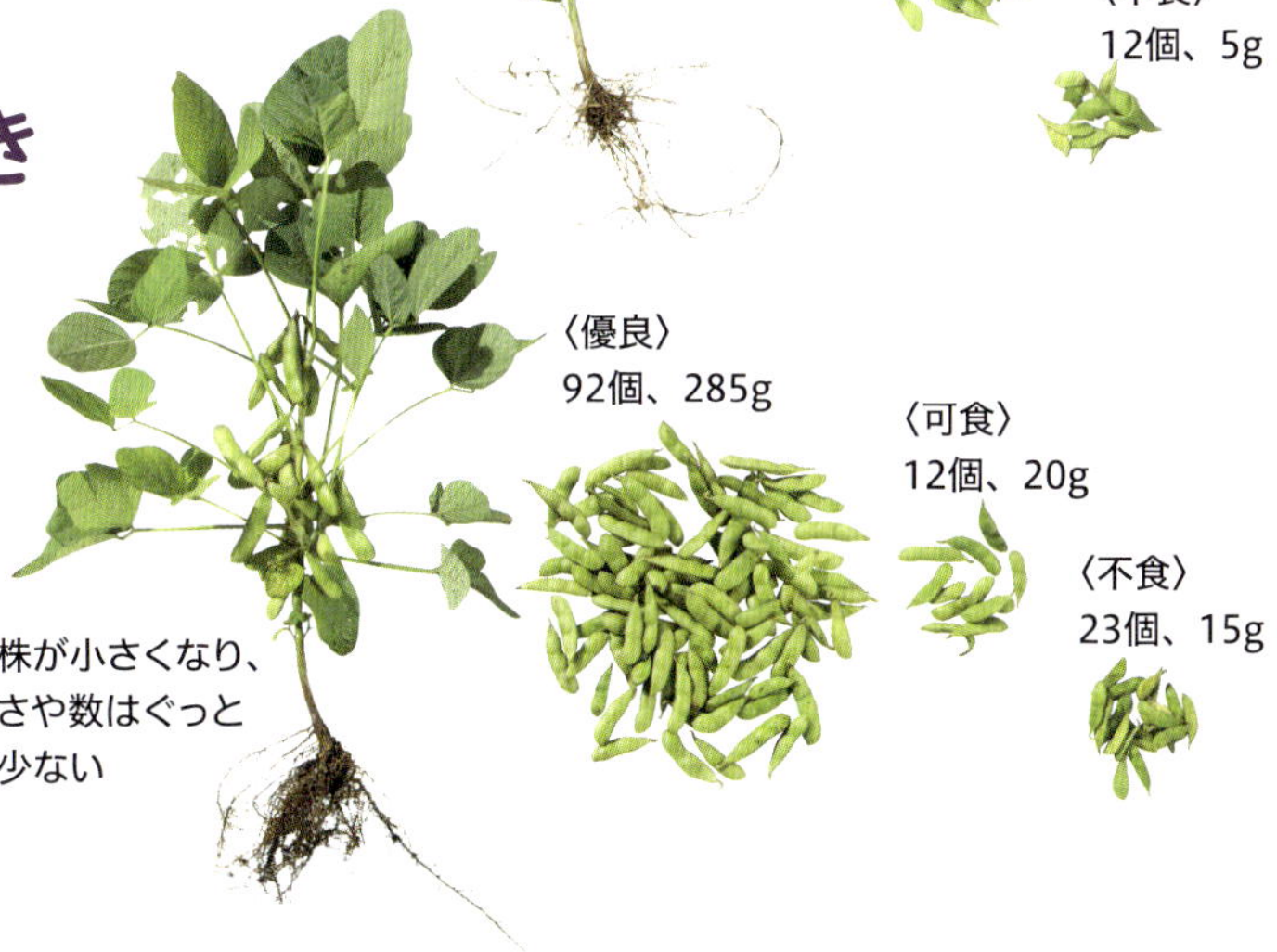
さや全体
127個、320g

それぞれの収穫適期に、5畝をランダムに引き抜き、さやの出来を「優良（出荷水準に達した2～3粒さや）」「可食（1粒さや、変形さやなど）」「不食（未熟なさや、空さやなど）」に分け、数と重量を調べました。結果としては、種まき時期が遅くなるほど、さやの数は減少しました。しかし、重量は「8月11日まき」が最大に。3回のまきどきを比べるてみると、種まき期が遅れるほど収量は減るものの、よいさやがつきやすくなるといえ、量と質のバランスを考えれば、「8月11日まき」がベストと思われます。

「夏ダイズ型」は、通常どおり春にまいたほうが収量は高くなりますが、夏にまいてもじゅうぶん収穫できることが分かりました。収穫期には気温が涼しくなってきていて、収穫後の豆の消耗が少ないためか、食味も良好でした。

マル秘 19

エンドウの春まき栽培

徹底比較

秘 ワザ

秋春まき両用サヤエンドウを春にまく

早どりのサヤエンドウ。うどんこ病に強い極早生種で、秋と春に種まきできる品種を春にまく。

秋春まき両用スナップエンドウを春にまく

肉厚なさやと実を食べるスナップエンドウの早生種。春秋まき両用の品種を春にまく。

応用 ワザ

秋まき用サヤエンドウを春にまく

普通栽培と同じ秋まき専用品種を春にまく。

普通 ワザ

秋まき用サヤエンドウを秋にまく

耐寒性が強く、草勢が旺盛な早生種のサヤエンドウ。通常の秋まきをする。

栽培手順はすべて共通。深さ1cmのくぼみを作り、1か所に5粒の種をまいて土をかける。

鳥よけのため、かごや不織布などをかぶせる。

あたたかくなって生長が始まったら、1か所3本に間引く。根が張っているので、地際からハサミで切る。

巻きひげが伸び始めたら、畝を囲むように40cm間隔で支柱を立て、支柱のまわりにひもを張ってつるを絡ませる。つるの伸びに合わせて、20～30cm間隔で5本のひもを張り渡す。

栽培実験の目的と条件

目的

エンドウは、10～11月に種をまいて、翌年の初夏に収穫するのが一般的です(一般地の場合)。エンドウはきわめて耐寒性が強く、冬の間にしっかりと根を張り、気温が上がる春に一気に生長させる作型が作りやすいといわれています。

ところが、エンドウには秋春まき両用品種もあり、秋だけでなく春にも種まきができます。春まきでも生育や収量に差がないなら、わざわざ越冬させるより、栽培期間が短い春まきのほうが手軽なのではないでしょうか。そこで、秋まき専用品種と秋春まき両用品種、秋春まき両用のスナップエンドウの3品種を春にまいてみました。

条件

種まき時期：2月下旬、収穫時期：5月上旬。畝幅：60cm、畝の高さ：5～10cm、株間：30cm。

検証結果

春まきは栽培期間が半分に短縮

秋春まき両用サヤエンドウを春にまく

草丈やさやのつきは、秋まき専用品種の秋まきと春まきの間に位置する。枝の数は秋まきの半分くらいで、収量も秋まきの半分くらい。

6月上旬、ほぼ枯れ上がったが、一部緑色の葉が残っている。

秋 ワザ

秋春まき両用スナップエンドウを春にまく

つるなし品種のため草丈は低いが、さやのつきや栽培期間は、「秋春まき両用サヤエンドウ」と同じく良好。秋まき専用品種が完全に枯れているのに、緑色の葉が残っている。

株はコンパクトだが、葉がよく茂っている。

普通 ワザ

秋まき用サヤエンドウを秋にまく

春まきに比べて3週間ほど早く収穫がスタートし、総収量はトップ。株が大きく生長し、さやのつきも良好。6月上旬の栽培終了時には、春まきに比べて株の充実がめだった。

根や分枝が多い。5月を過ぎて気温が上がるにつれて、元気がなくなって枯れた。

応用 ワザ

秋まき用サヤエンドウを春にまく

生育はよいが、秋まきに比べて草丈は低く、枝数やさやのつきは少ない。4パターン中もっとも株が貧弱で、根量も少ない。秋まきとほぼ同時期に枯れた。

4パターン中、生育も収量も最低。

もっとも収量が多かったのは、秋まき専用のサヤエンドウを通常通り秋にまいたものでした。一方、秋まき品種をあえて春にまいたものは、収量が最低になったばかりか、早く枯れてしまいました。

秋春両用まきの2品種は、秋まきから3か月以上遅れてのスタートにもかかわらずぐんぐん生長して、その差を3週間ほどに縮めました。春まきができる品種とできない品種の違いは、早晩性と耐暑性にあります。春まき可能な品種は生長が早く、気温が上がってもしっかりとさやをつけることができたのでしょう。

収量の点から考えると秋まきがおすすめですが、春まきの利点も見つかりました。秋春両用まき品種は、収量は秋まきの半分程度ですが、栽培期間は半分で済みます。前年の秋～冬にかけて1作分を余分に作れます。

マル秘20

インゲンの彼岸まき

秘ワザ 彼岸まき

徹底比較

● 9月16日まき
● 9月23日まき
● 9月30日まき

彼岸の中日（秋分）を中心とした9月上旬～10月上旬にかけて、1週間ごとに3回に分けて種をまき、種まき日と収穫、収量の関係を探る。

透明マルチを敷き、30㎝間隔でまき穴をあける。1か所に3粒の種を離してまき、指先で第一関節くらいの深さ（約1.5㎝）まで種を押し込む。土をかけて手のひらで押さえる。土が乾燥しているときはたっぷりと水やりし、寒冷紗をトンネルがけする。

最低気温が15℃を下回り始めた10月中旬、寒冷紗をはずし、保温力の高い穴あきビニールトンネルに張り替えた。

ポイント 換気がだいじ

灰色かび病対策として、夜間の気温が低くなってトンネル内に結露が生じるようになったり、日が昇ってもビニールの曇りがなかなかとれないときなどは、すそをあけて換気する。

〈10月16日のようす〉

〈9月30日まき〉
1枚めの本葉が開き始めた。

〈9月23日まき〉
本葉2～3枚が展開している。

〈9月16日まき〉
つぼみがつき始めた。

栽培実験の目的と条件

目的

インゲンは家庭菜園の定番野菜の一つですが、「春まき夏どり」がほとんどではないでしょうか。じつは、インゲンはマメ類のなかでは比較的低温に強く、生育適温は15～25℃、生育限界は10℃以下です。9～11月の東京都の気温を調べると、最低気温が10℃を下回るのは11月中旬以降というデータがあります。そこで、11月中旬までは栽培可能と仮定し、秋まきの限界を探る実験を行いました。

栽培するのは、支柱を立てる必要のないつるなし種。ビニールトンネルやマルチで保温し、晩秋まで収穫を延ばします。

条件

種まき時期：9月中旬～、収穫時期：12月上旬。畝幅：60㎝、畝の高さ：5㎝、株間：30㎝。1畝10か所に3粒ずつ種をまき、生育を比較するため、間引き、追肥は行わない。

検証結果

9月中旬までに植えるのがベスト

秘ワザ

9月16日まき

なり始めの数は少ないが、12月3日の最終計測日には684本（1畝：10か所合計）もとれた。数、量ともナンバー1のでき。

総収量960本
10か所
（うち不良品153本）

9月23日まき

1株平均で30本を下回るというのは、かなり見劣りがする。9月16日まきから1週間の違いがこれほどあるとは思わなかった。

総収量272本
10か所
（うち不良品32本）

9月30日まき

開花したところで株が枯れ、収穫できず。

9～10月は順調に生育していましたが、明らかに生育が遅くなったと感じられたのは11月に入ってからです。11月はじめの株の大きさと状態が、収穫までたどり着けるかどうかの成否を決めました。収穫できたのは、「9月16日まき」、「9月23日（秋分）まき」まで。9月30日に種をまいた株は収穫に至らず、12月上旬に訪れた強い寒波で、すべての株が枯れました。

　種まきから収穫までの日数は、「9月16日まき」は55日ほどで、春まきとほとんど変わりません。しかし「9月23日まき」になると約70日に延びます。気温の低下が影響したと考えられますが、12月はじめにとれる果菜類は貴重です。とはいえ、秋分の日頃にまく彼岸まきは、株が大きくならず収量も少ないので、やはり9月半ばまでには種をまくのがおすすめです。

マル秘21

スイカのつる回し栽培

徹底比較

栽培実験の目的と条件

目的

スイカは家庭菜園愛好家の憧れの野菜ですが、いざ栽培するとなると広いスペースを必要とするのが難点です。つるは1m以上も伸びるので、1株当たり2m四方ほどの大きなスペースにつるを広げるのが一般的です。葉に日をたっぷりと当てて光合成を盛んにし、養分を実に集中させるのがスイカづくりのポイントですが、そのためには、つるを大きく広げて管理する必要があります。これを小さな畑で実現しようというのが、スイカのつる回し栽培です。葉が小ぶりで実つきのよい小玉スイカで挑戦します。

条件

植えつけ時期：5月中旬、収穫時期：8月中旬～下旬。畝スペース：70㎝×100㎝。植えつけ2週間前に深さ20～30㎝の穴を掘り、元肥を施しておく。

秘ワザ　つる回し栽培

地温上昇のために透明マルチを張り中央に苗を植えつけ、十分に水やりする。子づるの長さが50～60㎝になったら、4本のつるを円を描くように回してつる先の位置をそろえ、誘引と目印のためにつる先をマルチ固定具で留めておく。つる同士は、隣のつると軽く触れ合う程度の間隔を保つ。生長に合わせて随時つる回しを行うが、3～4番花（同じつるの中で3～4番めに咲く雌花）が着果した後は実が傷むのでつる回しはしない。

ポイント　摘芯・摘果をしっかりと

本葉5～6枚で親づるの先端を摘芯し、わき芽（子づる）を伸ばす。子づるが伸びてきたら、勢いのよいものを4本残してそれ以外は摘み取る。

養分を集中させるため、実がテニスボール大になったら、形のよい実を各子づるに1果ずつ残し、他は摘果する。

普通ワザ　放任栽培

つる回しをしないこと以外は、「つる回し栽培」と同様に育てる。

検証結果

半分以下のスペースで、充実の収穫

普通ワザ

放任栽培

日照を確保するためつるが重ならない程度に管理していくと、最大で直径3～4mの広大なスペースを占領した。

秘ワザ

つる回し栽培

きれいに直径1.5mの円形スペースで栽培することに成功。実つきもよく、1つるに1果、確実に収穫できた。

充実の4果を収穫!

もともと施設園芸で行われていた「つる回し栽培」ですが、露地栽培で実践しても大成功。直径1・5mのスペースでの栽培が実現し、これならスイカを育てつつ、余ったスペースで多品目を栽培することができます。

ポイントとなる日照の問題も、つるを小さくまとめつつも葉が重ならないように誘引していくので、たっぷりと日に当たって養分を着実に実に送ることができました。

なお、確実に収穫するその他のコツとしては、着果させるのは各つるとも3～4番花にし、1、2番花と3番花より株元側のわき芽はすべて摘み取りましょう。また、確実な着果のために、3～4番花が開花したら人工受粉をします。3～4番花が着果して以降は放任でかまいません。

マル秘22

スイカの鞍つき栽培

徹底比較

栽培実験の目的と条件

目的

スイカの原産地は、熱帯アフリカの砂漠からサバンナにかけてです。スイカは、こうした乾燥地帯で根をまっすぐ下に深く伸ばし、地中の水分を取り入れて育つのです。地上部で伸びたつるや葉の蒸散活動は、地下深くからポンプのように水を吸い上げる強い力を生み出します。また、盛んに光合成を行うことで、甘くみずみずしい果実を実らせます。原産地の環境に少しでも近づけるために、水はけがよく、根が深く伸びる鞍つきの畝(ひと株ごとにつくる、四角形などの高さのある畝)で育てれば、甘くてみずみずしいスイカが収穫できると考えました。

条件

植えつけ時期：5月中旬、収穫時期：受粉から35～40日後。鞍の幅：90㎝、鞍の高さ：20㎝、鞍の長さ：120㎝。平畝は畝幅：90㎝、高さ：5～10㎝。比較のため、どちらも追肥はせず。

秘ワザ 鞍つき栽培

深さ20㎝ほどの溝を掘り、バケツ1杯(7ℓ)程度の籾殻をまく。その上にバケツ½杯(3.5ℓ)程度の腐葉土をまき、溝を掘ったときに出た土を、塊のまま戻す。さらに周囲の土を盛り上げながら、高さ20㎝で、やや横長の鞍をつくる。根鉢と同じ大きさの植え穴を掘り、根鉢を崩さないように苗を植えつけたら、鞍の上にわらを敷く。適度な保水になると同時に、泥の跳ね返りを防ぎ、病気にかかりにくくする効果がある。

腐葉土の上に戻す土の塊が隙間を作り、水はけを確保。

幅90㎝、長さ120㎝

わらは厚くせず、下の土が見える程度に。

普通ワザ 平畝栽培

土づくりの際にバケツ1杯(7ℓ)程度の腐葉土を施して、畝を立てる。「鞍つき栽培」と同じように苗を植えつけ、敷きわらをする。

ポイント 植えつけ前に、ポリポットごと苗を水につける

バケツに水を入れ、植えつけ前にポリポットごと苗を浸す。ブクブクとした気泡が出なくなるまで浸したら、日陰に2～3時間置いた後に植えつける。苗に十分な水が蓄えられていれば、植えつけ時に水やりをしなくても心配ない。

検証結果

果実は大きく糖度もアップ

秘ワザ

鞍つき栽培

表面はつやつや、模様もはっきりとした大きな果実になった。断面も果肉が詰まってみずみずしく、皮のまわりの部分に対して可食部が大きい。糖度は中央付近からサンプルを採取して数回ずつ測定したところ12〜13度、最高で13.3度という高い数値となった。

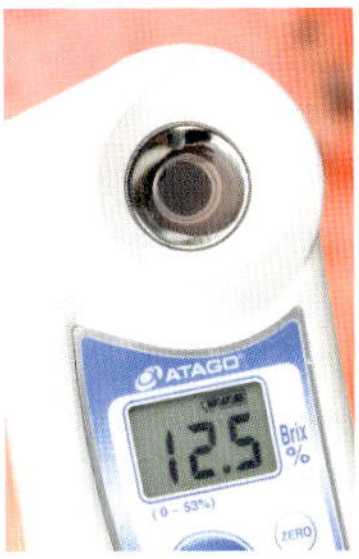

みずみずしくて充実

つやつやで模様もくっきり

普通ワザ

平畝栽培

鞍つき栽培よりもひと回りからふた回り小さいだけでなく、皮につやがなく、模様もはっきりしない果実となった。鞍つき栽培と同じように測定した糖度も、9度を超えることはなかった。

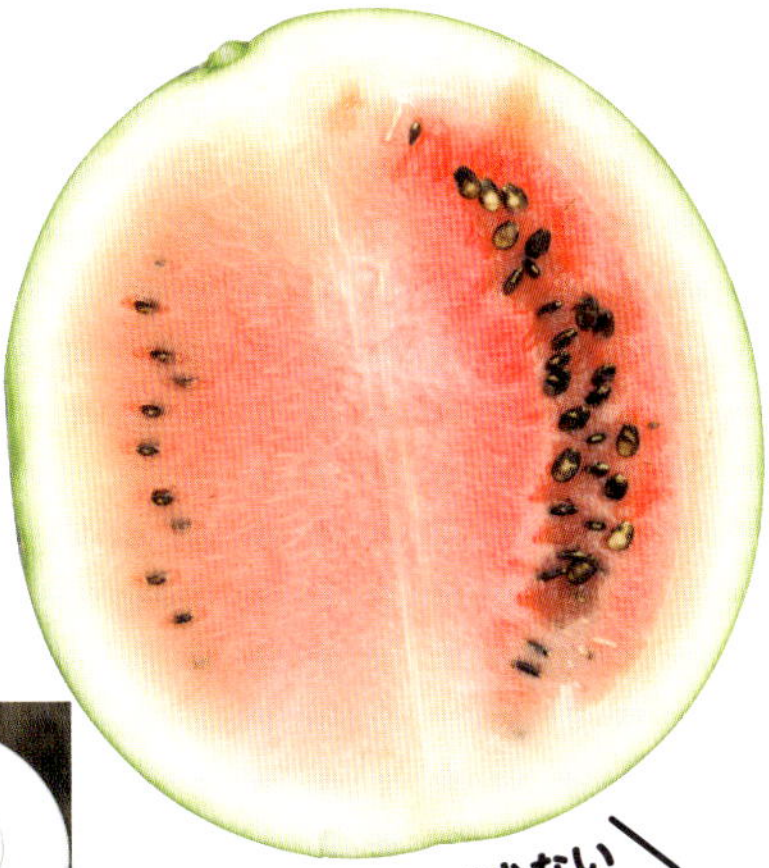

可食部が少ない

模様が不鮮明

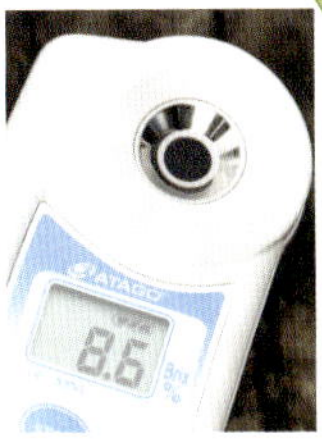

「鞍つき栽培」は、腐葉土が深い位置にあり根が伸びるまでに時間がかかったため、初期の生育は「平畝栽培」よりも遅れ気味でした。しかし、根が腐葉土に到達したころからつるも葉もよく伸び、生育が旺盛になりました。それだけ光合成が活発に行われるようになり、水分量が多く、甘みの強いスイカになったと考えられます。

同じ日に収穫した「平畝栽培」は、若干収穫適期を過ぎた感があり、皮も果肉も、みずみずしさに欠けていました。糖度も低めでしたが、「鞍つき栽培」よりもつるや葉の生育がよくなかったため、適期に収穫していたとしても糖度は上がらなかったと思われます。また、つるの一部が枯れたり、果実が割れたりした株も。根が浅いと水分変化の影響を受けやすくなるので、株の老化も早かったようです。

マル秘 23

スイカの砂袋栽培

徹底比較

栽培実験の目的と条件

目的

スイカの原産地は、アフリカの砂漠と言われています。トマトの原産地である南米アンデス山脈の環境を模したアンデス栽培（P16）ではトマトの長期収穫を実現させました。スイカでも、原産地の環境に近づけることで、よりよく育てられるか試します。カラハリ砂漠は、年間降水量が250㎜～500㎜と乾燥しており、土壌は有機物の少ない砂質土です。それを再現するために、土木作業用の川砂を用いました。圃場に砂袋を埋め込み、そこでスイカを栽培すれば、地表付近はほとんど水を蓄えることなく、乾燥した環境を維持できるはずです。

条件

植えつけ時期：5月中旬、収穫時期：7月下旬～8月下旬。植えつけ後、親づるが5～6節まで育ったところで摘芯し、子づる3本に仕立てる。すべての雌花に人工受粉を行い、摘果はなし。

秘ワザ 砂袋栽培

砂袋を置く場所に直径40～50㎝、深さ20㎝ほどの穴を掘り、スコップ1杯の完熟した自家製生ゴミ堆肥を施す。牛ふん堆肥でもよい。

＼砂袋ごと埋める／

穴の中に砂袋を置いたらはさみで口を切り、砂袋の中に剣先スコップを差し入れ、袋の底を貫通させる。底に穴があいたら土を寄せて袋を安定させる。その後、砂を袋の上端まで足し、根鉢と同じ大きさの穴をあけてたっぷりと水をやってから小玉スイカの実生苗を植えつける。植えつけ後に水はやらない。

「砂袋栽培」は高さがあり風の影響を受けやすいため、苗を支柱に誘引して支える。

普通ワザ 普通栽培

高さ約15㎝、直径約50㎝の鞍つき畝をつくり、苗を根鉢ごと植えつける。

検証結果

病気に強く、収量・糖度大幅増

秘ワザ

砂袋栽培

1玉の平均重量は約2.5kg。糖度は平均12度で、最高値は13.9度。人工受粉した雌花のほとんどが結実し、みずみずしいのはもちろん、とても甘いスイカができた。

1株の収量10個

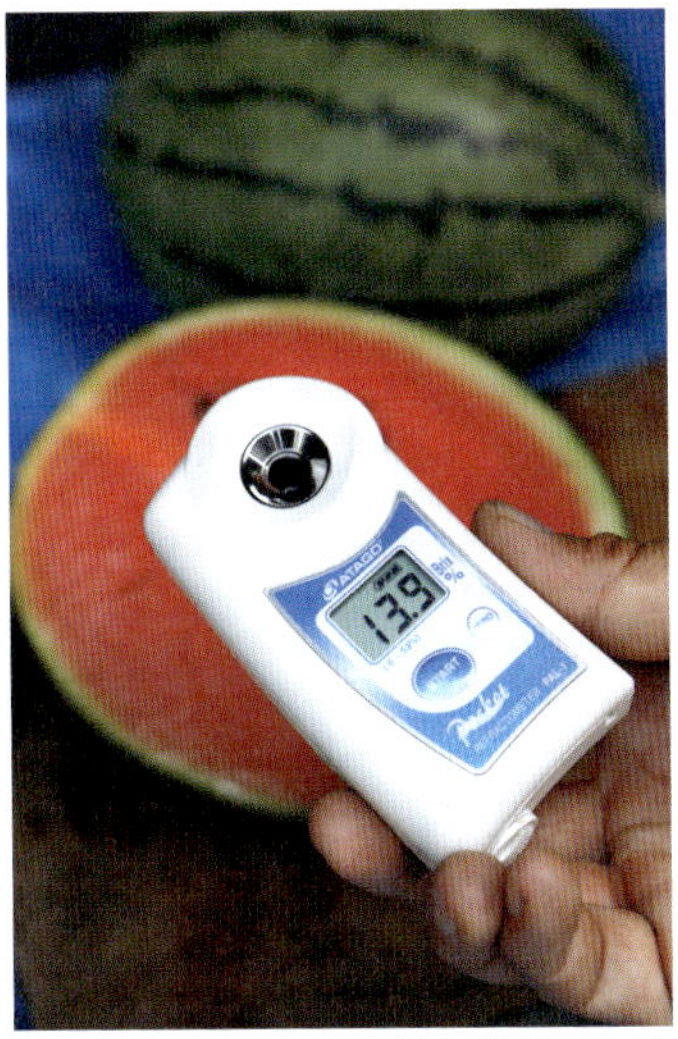

最高糖度13.9度

普通ワザ

普通栽培

1玉の平均重量は2.3kg。糖度は平均11.1度で最高値は12.1度。有機栽培では一般的な結果だが、「砂袋栽培」にはとても及ばない。

1株の収量4個

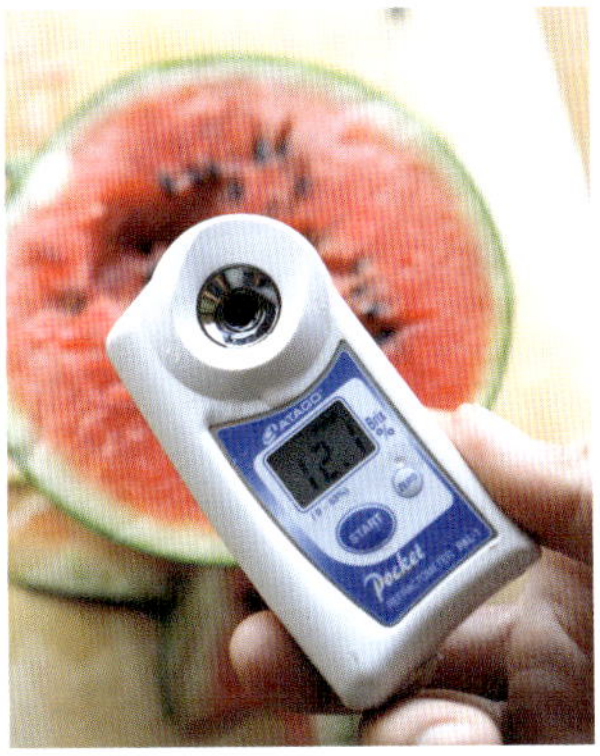

最高糖度12.1度

通常、スイカの実はつる1本につき1～2個に摘果して養分を集中させますが、今回は生育の違いをみるために、あえて摘果をしませんでした。

「普通栽培」「砂袋栽培」ともに2株ずつ栽培し、「普通栽培」は一つが4個収穫、もう一つは病気の影響で1個収穫にとどまりました。一方で「砂袋栽培」の結果は10個と9個。受粉した雌花がほとんど結実しました。

「砂袋栽培」では、根がまっすぐ伸び、土壌の深い部分から養分や水分を吸収しますが、地表面と比べてそれらに変化が少なく安定しています。そのため、次々に結実しても断続的に養分や水を吸収しながら生長を続けられるのです。

また、市販の土木作業用の川砂は、基本的に有機質や養分を含んでいないため、病原菌も繁殖しにくく、病害にも強くなることが分かりました。

マル秘24

磁石栽培実験

（スイカ・カボチャ・ダイコン）

秘ワザ 磁石栽培

徹底比較

「ピップエレキバン190」を使用。

栽培実験の目的と条件

目的

北海道の農業高校が、市販の磁石付き絆創膏をカボチャに貼るというユニークな栽培に取り組んでいることがある新聞で報じられました。磁気作用による生育促進および糖度上昇を狙ったものとのこと。同様の話は他にもあります。ミカン、ブドウ、ビワなどの果実が熟す1～2か月前に果実近くの枝に磁石付き絆創膏を貼ると糖度が増すという情報もあります。

そこで磁場の影響をさらに探求すべく、磁石付き絆創膏を、スイカとカボチャとダイコンに貼って生育を観察しました。

条件

使用したのは、「ピップエレキバン」の中でも磁束密度の大きい190ミリテスラを誇る「ピップエレキバン190」。磁束密度とは、その場における磁界の強さ（磁束）の密度のこと。

❶ダイコン

種まき後、45日で首の部分が地上に出てきたタイミングで、首の部分に「ピップエレキバン」を貼る。1株に1枚ずつ貼った。追肥はいっさい施さず、元肥のみで育てる。

❷スイカ

育てやすい小玉スイカで実験。人工授粉で結実させ、果実がまだ小さいうちに「ピップエレキバン」を貼る。テニスボールサイズの頃の果実、結実したばかりのへたの部分など、時期や貼る場所を変えて数パターン行う。

❸カボチャ

ミニカボチャを使用。開花した雌花のつけ根、およびピンポン玉サイズの頃の果実に「ピップエレキバン」を貼る。

検証結果 ダイコン

生育が早まり、サイズは2倍以上

磁石栽培 ❶ダイコン

栽培途中から生育に差がみられ、「磁石栽培」のほうが生育が早まった。収穫サイズも、「ピップエレキバン」を貼ったものと貼らなかったものでは、最大2倍以上、600g近い差が出た。

いちばん左と右から2番めの大きめの株がピップエレキバンを貼ったもの。

〈「ピップエレキバン」を貼ったもの〉

〈「ピップエレキバン」を貼ったもの〉

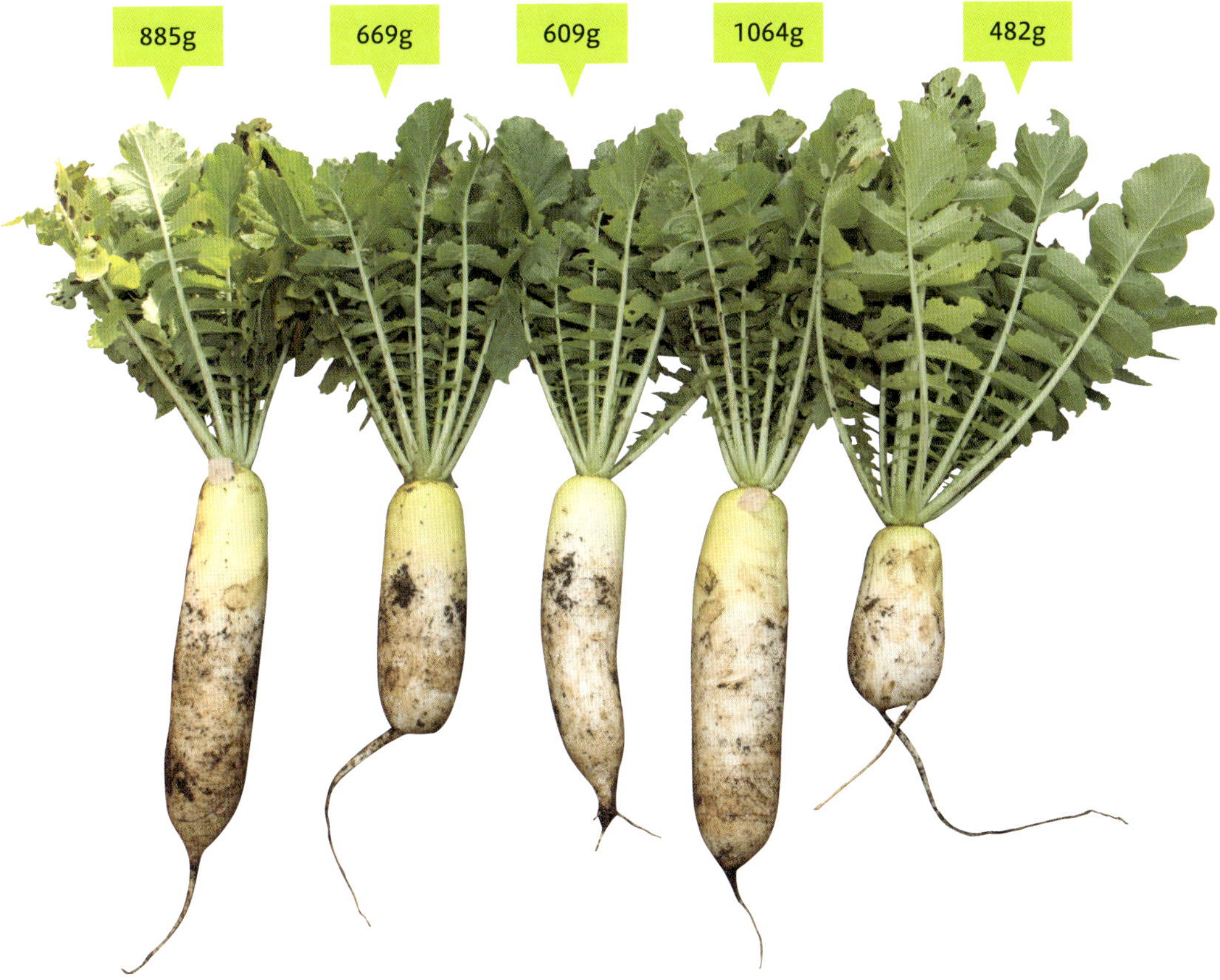

「ピップエレキバン」を貼ってから45日後、種まきから数えると90日後に、ダイコンを収穫しました。

　収穫前の地上部の様子を見ると「ピップエレキバン」を貼ったダイコンが若干太く見えるものの、それほど差は感じられませんでした。ところが引き抜くと、長さに明らかな差が。重さを比較すると、もっとも小さなダイコンは482g。ピップエレキバンを貼ったもっとも大きなものは1064g。なお、味は、味覚で感じられるほどの違いはありませんでした。

　ちなみに、次ページで紹介するスイカとカボチャに関しては、明らかな失敗に終わりました。磁力がなんらかの効力を発揮していることは実験からも認められますが、それを的確にコントロールして、よい結果を導くことはひじょうに難しそうです。

磁石栽培 ❷スイカ

生育促進や糖度アップの期待もむなしく、収穫日を迎える前に腐ったものがほとんど。同じ株でも「ピップエレキバン」を貼らなかった果実はきちんと収穫できた。

検証結果 スイカ

果実が腐ってしまった

\小さな果実は消滅!/

結実を確認して1日めの果実のへたの部分に「ピップエレキバン」を貼った。数日後、気づいたときにはへたごと果実は枯れ、「ピップエレキバン」だけが残っていた。

\果実が腐った!/

着果後15日で「ピップエレキバン」を4枚貼った果実は、その後10日めで裂果。収穫目安である人工授粉後36〜38日を待たずに腐ってしまった。

磁石栽培 ❸カボチャ

スイカ同様、果実が腐ってしまった。ただし、単純に腐るのではなく、「ピップエレキバン」を貼った場所から2〜3㎝離れた果皮に陥没した円形の傷みが出た。これは、実験した果実のほとんどでみられた。

検証結果 カボチャ

果皮と果肉に謎の症状発生!

\食味も×/

円形のくぼみが出た実を割ってみると、その円形部分から内部に向かって激しく傷んでいた。尻あたりの果肉部は平常に見えるが、ふかして食べてみると苦味が強く、通常の味ではなかった。

\謎のくぼみが!/

「ピップエレキバン」を貼ったほとんどの果実で、謎のくぼみが発生。なお、開花した雌花のつけ根に貼ったものは、結実後、まもなく枯れた。

第2章

葉菜類

マル秘 25

ハクサイの胚軸切断挿し木法

徹底比較

栽培実験の目的と条件

目的

土の中にはたくさんの微生物が生息していますが、その微生物が植物の組織内に侵入することは簡単ではありません。しかし、植物が種に蓄えられた栄養で育つステージから、本葉を増やして光合成を行い、自力で生長するステージへと移行する時期だけは別。このタイミングで胚軸を切って挿し木をすると、微生物は切り口から容易に侵入し、それが刺激となって病気への抵抗力が高まり、生育が促進されます。ハクサイの栽培にこの方法を取り入れれば、病害虫に強くなるだけでなく、結球の失敗も減るのではないかと考えました。

条件

種まき時期：8月下旬〜9月上旬、収穫時期：11月下旬。畝幅：50㎝、高さ：15㎝、株間：40〜50㎝。比較のため、追肥はなし。

秘ワザ

胚軸切断挿し木法

ポリポットに2〜3粒まいた種を、間引きをしながら育てる。本葉が1.5〜3枚になったら苗を取り出して根鉢を落とす。はさみを使い、胚軸を長めに残して切り、挿し穂の胚軸部分を水につけて、2時間ほどしっかりと水を吸わせる。こうすると、挿し木をしても枯れにくく、活着しやすくなる。2.5号ほどのポットに湿らせた培養土を入れ、つまようじなどを刺して穴をあけたら、水揚げした胚軸を折らないように挿し込む。その後、胚軸と培養土が密着するようにハス口のついたじょうろでたっぷりと水をやり、数日は強い日差しを避け、半日陰で管理する。本葉が5〜6枚になるまで育てる。

普通ワザ

普通栽培

本葉が1.5〜3枚になっても何もせず、そのまま本葉が5〜6枚になるまで育てる。

プロ直伝

間引いた苗の胚軸切断をしてもよい

ハクサイは通常3〜4粒まきとし、本葉2〜3枚のころに間引いて1本立ちにする。この間引いた苗を使って「胚軸切断挿し木法」をすることもできる。

検証結果

根の量が増え、大ぶりで肉厚な葉に

秘ワザ

胚軸切断挿し木法

やや濃い目の葉色で、1枚1枚の葉が長く肉厚なハクサイが収穫できた。外葉に虫食いの痕は見られるものの、内部はきれい。胚軸を切断したあたりからは太い不定根が何本も伸び、細根もびっしりとついた。

生き生きとした
黄緑色の葉
食害もほとんど
受けていない

植えつけ時の苗。「普通栽培」よりがっしりしている

普通ワザ

普通栽培

葉色が黄色で苗が老化気味
バッタなどの食害も受けている

植えつけ時の苗

サイズはほぼ同じだが、葉は緑色が薄く、やや短め。根は、主根と側根が固まってとぐろを巻いたような状態になり、広がりが悪い。胚軸からは不定根や細根が伸びているものの、量は少なかった。

「胚軸切断挿し木法」と「普通栽培」では、根の張り方に歴然とした違いが見られました。それが、葉の状態にも影響したようです。

「胚軸切断挿し木法」は、胚軸から何本も出た不定根が太くなり、びっしりと細根がついていて、洗っても土が落としにくいほどでした。不定根や細根には、水分だけでなく養分を貪欲に吸収する性質があります。それだけ生育も旺盛になったのでしょう。株の生長がそろい、結球の失敗もありませんでした。食べたときの歯ごたえ、みずみずしさ、風味も十分でした。

一方の「普通栽培」は、サイズにほぼ差はないものの外葉が黄色くなり、結球しないものもありました。追肥をしないという条件で育てたため、根の少ない「普通栽培」は養分の吸収量が減り、生育に影響が出たようです。

マル秘26

ネギの海水栽培

＼3つのエリアで栽培！／

徹底比較

秘ワザ

海水栽培

海水は、5倍に希釈して、1回当たり約15ℓを、株元および葉の部分に施す。初回の散布は、ネギがある程度生育した9月30日。その後は、2週間～20日おきに計5回散布。散布量は1回約15ℓ。

応用ワザ

塩栽培

天日塩を、10月中旬に1度だけ、1kgを株元に施す。その後、すぐに水をやり、土壌への浸透を図る。

普通ワザ

普通栽培

通常どおり植えつけ。すべての栽培法で、元肥として生ゴミや鶏ふんを使った堆肥を施肥。

栽培実験の目的と条件

目的

多くの植物にとって、塩は大敵です。津波などで海水をかぶった海岸部の農地では、土壌中に残った塩分によって作物が生理障害を起こすのを防ぐために除塩が行われることもあります。そんななか、千葉県東部では、海水をかけて生育を促進させたネギの商品化に成功しています。台風によって大量の海水を含んだ潮風が一帯の農地に吹きつけ、農作物はもとより街路樹や雑草まで枯れてしまったときに、ネギだけはさほど被害を受けなかったことから、研究が始まったとのこと。普通栽培よりずっと甘いという、海水栽培に挑戦します。

条件

植えつけ時期：7月下旬、収穫時期：1月上旬。畝幅：30cm、生育に合わせて3回土寄せ。

検証結果

海水でマンゴーレベルの糖度に

秘ワザ

海水栽培

「普通栽培」よりも葉鞘部が太く、長い。葉はピンと直立して、生育がよい。根もよく発達している。断面を見ると、葉に厚みがあるのがわかる。

応用ワザ

塩栽培

糖度は高いものの、細く短いネギになった。断面を見ると、筋張っている部分があるなど、塩分濃度が高かったのか、生育が阻害されていることがわかる。

普通ワザ

普通栽培

よく太ってはいるが、葉鞘部の太さや長さは、海水散布のネギよりも劣る。糖度は、「海水栽培」や「塩栽培」のネギと比べると低い。

海水散布エリアのネギは明らかに育ちがよく、糖度が高くなりました。とくに、ピンと伸びた葉と発達した根に生育の差が出ています。

いっぽうの塩を散布したエリアのネギは、大量に施用した塩の影響で一時的に生育が阻害されたためか株は貧弱ですが、糖度は海水栽培に匹敵するものになりました。

海水に多く含まれている塩化ナトリウムは、一般的には植物には不必要でむしろ害になりますが、それ以外の成分は植物の生育に有用なものです。海水栽培の食味が向上した理由は、多様なミネラルが効果的に働いたことだと考えられます。

また甘みが増したのは塩のストレス効果が、生育がよくなったのは、光合成をするさいに塩素が触媒となったことが理由として考えられます。

マル秋 27

キャベツの2度どり

徹底比較

普通ワザ 1度めの収穫

苗の植えつけから1度めの収穫までは、通常のキャベツ栽培と同じ。収穫時、下葉をできるだけ多く(6枚以上)残して球を切り取る。

〈極早生品種〉
1度めの平均重量1.3kg
秋まきを中心に、春まき、夏まきもできる万能品種。球は小ぶりだが、しっかり葉が巻いている。

〈早生品種〉
1度めの平均重量2.2kg
高温肥大性にすぐれる、初夏～夏まき・秋どり種で、春まきもできる。しっかり結球し、重量は最大。

〈中生品種〉
1度めの平均重量2.1kg
耐暑、耐寒性に強く、初夏・秋・春まきに向く。扁平形でしっかり締まって結球した。

秋ワザ 2度どり

下葉のつけ根に見えるわき芽を大きく育てるため、1度めの収穫後、追肥、土寄せする。低温期は肥料の効きが遅くなるので、即効性のある化成肥料を施す。

多くのわき芽が出てくるので、充実した大きいものを残し、他はすべてかき取る(矢印)。

栽培実験の目的と条件

目的

大きく結球した球を1度収穫して終わりにすることが多い、キャベツ。しかし、キャベツは多年草なので、球を収穫したあとも株を残しておけば、新たにわき芽が結球するはずです。
そこで、秋に収穫が終わったキャベツから、春にもう1度収穫する「2度どり」に挑戦します。ただし、1度めの収穫が寒い時期になると、その後の低温でわき芽の生長が見込めないので、収穫時期が遅い晩生種では難しいと考えました。夏に種まきができて、秋のうちに1度めの収穫が終わるように、極早生、早生、中生の品種を栽培し、どれが2度どりに適しているかを探りました。

条件

植えつけ時期：8月中旬～9月上旬、収穫時期：11月上旬(1度め)／3月上旬(2度め)。畝幅：40㎝、畝の高さ：10～15㎝、株間：35㎝。

秘ワザ

検証結果　やわらかな2度めの収穫に成功

極早生品種

極早生品種は一般的に小ぶりなため、1度めはやや軽量だったが、2度めはほかと比べても遜色なく、株ごとの重量にもばらつきが少なかった。とくに2度めの球は、春キャベツのようにやわらかく甘味があった。

〈2度めの収穫〉
平均重量617g

早生品種

2度めは春キャベツのように緩やかに葉が巻き、3つのタイプの中ではいちばん小ぶりだった。

〈2度めの収穫〉
平均重量537g

中生品種

2度めの平均重量はもっとも重かったが、株ごとにばらつきがあった。1度め、2度めとも、冬キャベツのようにしっかりと結球した。

〈2度めの収穫〉
平均重量747g

1度めに比べると、2度めはどれも小ぶりで葉の巻きは緩やかでしたが、3品種ともとれました。ただし、「2度どり」は、限られた期間内で収穫するので、生育の早い品種がおすすめ。失敗のリスクが少ないのは極早生品種といえそうです。2度めに収穫した球はもっともサイズがそろい、甘みがありました。

この実験では、成熟期の異なる3品種をいっせいに植えつけ、いっせいに収穫したため、本来の収穫適期のサイズとは違う品種もありましたが、いずれも収穫できました。途中でかき取ったわき芽も、もちろん食べられます。さらに、2度めの収穫後も株を残しておくと、春にとう立ち菜が味わえることもわかりました。「2度どり」は、空きがちな冬の畑を有効に利用できて、1株を2倍にも3倍にも楽しめるテクニックです。

マル秘 28

黒ビニール保温栽培（コマツナ・ホウレンソウ）

徹底比較

栽培実験の目的と条件

目的

通常の保温栽培では、ビニールを2重にかけたり不織布をべたがけして、トンネル内の夜間温度を高く保ちますが、比熱が大きく、温まりにくく冷めにくい水の性質を生かして保温しようというのが、この栽培法です。水を入れた黒いビニール袋を畝の上に並べ、保温効果を高めてコマツナとホウレンソウを栽培しました。夜は、昼に温められた袋の中の水が保温効果を発揮する一方で、昼には夜のあいだに冷めた水の影響でトンネル内の急激な温度上昇を抑制します。黒ビニール袋は、入手しやすく運搬が容易。黒色が日光を吸収して、水を温める効果が高いと考えました。

条件

種まき時期：2月上旬、収穫時期：3月中旬。畝幅：60㎝、畝の高さ：5㎝、株間：15㎝、条間：15㎝。間引きはしない。

秘ワザ

黒ビニール保温栽培

市販の10ℓ用の袋に、容量の⅔ほど水を入れ、空気を抜いて口を縛る。5条マルチの中央の列の位置に水を入れた黒ビニール袋を1列に並べる。

畝の中央に水入りの黒ビニール袋を並べ、換気用の穴のあいたビニールトンネルで覆う。熱の放出がゆっくりになるように、袋の表面積を小さくして、袋と袋を重ねて並べる。

プロ直伝 水封マルチは高価

多くの農家は、「水封チューブ」や「水封マルチ」を用いた保温栽培をしています。「水封…」というのは、中に水を封入したビニールチューブのこと。ただし、水封チューブは高価で入手しにくく扱いも難しいため、ここでは黒ビニールを使っています。

普通ワザ

普通栽培

「黒ビニール保温栽培」と同様、5条マルチにコマツナとホウレンソウの種をまき、穴あきのビニールトンネルをかける。

検証結果・低予算なのに、保温効果は絶大

秘ワザ　黒ビニール保温栽培

黒ビニールで保温をしたために生長が早く、種まきから約40日でいっせいに収穫してみると、サイズの差は明らか。コマツナ、ホウレンソウともに、平均草丈24～25cmの出荷サイズに。

普通ワザ　普通栽培

「黒ビニール保温栽培」に比べて、草丈はひと回り小さい。生育途中で凍害を受けたコマツナは、外葉の傷みがめだつ。

ホウレンソウ

〈1か月後〉
袋の「あり」と「なし」で、生長差は感じられない。コマツナのような凍害を受けなかったのは、コマツナより寒さに強いためと考えられる。

コマツナ

〈1か月後〉
袋ありのほうは本葉4枚程度、袋なしは本葉3枚程度で、袋ありのほうがやや生長が早い。葉が白っぽくなっているのは、強烈な冷え込みによる凍害で、袋ありのほうが、明らかに被害が少ない。

秘ワザ

普通ワザ

秘ワザ

普通ワザ

〈40日後〉

平均草丈24cm　平均草丈20cm

平均草丈25cm　平均草丈20cm

40日後、任意に抜いた10穴分の株から極端に生育が悪い株を取り除き、1株ずつ草丈を計測すると、明らかな違いが見られました。「黒ビニール保温栽培」のほうが草丈が高く、株にボリュームがあります。トンネル内の地上から30cmの高さの気温を測定したところ、黒ビニール袋を設置したトンネル内は外気温と比べて最低気温が0～1.8℃高く、「普通栽培」のトンネルに比べても0.2～0.5℃高くなり、野菜にとっては大きな差となったと考えられます。

温まりにくく冷めにくいという水の性質を利用すれば、トンネル内の夜温の低下を抑えるだけでなく、昼間の温度上昇も抑えて昼夜の温度差を少なくする効果が得られることがわかりました。黒ビニール袋は安価で仕掛けも簡単、コストパフォーマンスも抜群です。

マル秘29

夏ホウレンソウの雨・日よけ栽培

栽培実験の目的と条件

目的

ホウレンソウは、寒さに強いものの暑さにはとても弱いので、種まきの適期は春と秋。夏まきは、冷涼地以外では難しいといわれています。しかし最近では、パイプハウスによる雨よけと日よけを併用することで、冷涼地以外でも夏まき栽培が行なわれるようになりました。栽培のカギは、雨にあてないことで立枯病や萎凋病などを予防し、遮光ネットで日差しを弱めて葉面や地温の上昇を抑えることです。そこで、身近な農業資材の雨よけと日よけ、マルチを組み合わせて栽培し、無被覆の露地栽培と生育を比較します。

条件

種まき時期：7月下旬、収穫時期：9月上旬。畝幅：70㎝、畝の高さ：5㎝、株間：15㎝、列間：15～20㎝。間引きや薬剤散布、追肥はしなかった。

徹底比較

秘ワザ 雨・日よけ栽培

地温上昇防止の効果を期待して穴あき白マルチを張り、植え穴に1㎝ほどのくぼみをつけ、1か所に5粒ずつ種をまく。

雨よけとして、トンネル用の穴あきビニールフィルムを使用。トンネルの前後と裾は風通しのために開けておく。さらにその上から、遮光ネットをかけて日よけをし、同時にトンネル内の温度上昇を抑える。

普通ワザ 雨・日ざらし栽培

種まきは「雨・日よけ栽培」と同様。資材による保護をいっさい行わない露地栽培。ホウレンソウにとってはいちばん過酷な条件。

プロ直伝 プライミング種子

使用したのは、人工的に発芽の過程を進めておいた種子。高気温などの悪条件下でも発芽しやすい。

検証結果

雨・日よけで春秋まき並みの生育実現

秋ワザ

雨・日よけ栽培

発芽から本葉2枚までの生存率は55．6%、収穫時の生存率は48.9%で、無被覆栽培を大きく上回りました。生き残った株は、春秋まきに比べても遜色のないできばえで、無被覆との株の重量差は、最大5倍以上に。

夏まきとは思えないほど立派に

平均草丈27.5㎝
10株重量470g

普通ワザ

雨・日ざらし栽培

平均草丈14.5㎝
10株重量90g

わずかに生き残ったことが奇跡的

発芽から本葉2枚までの生存率は46.1%と悪くなかったが、収穫時の生存率は14.4%と、「雨・日よけ栽培」に大きく差をあけられた。8割以上の株が、育ち切れずに枯れてしまったうえ、収穫できた株の生育も極めて貧弱なものに。

種まきから約40日後にすべての株を抜き取り、極端に生育不良なものを除き、草丈、10株分の重量を計測しました。その結果、「雨・日よけ栽培」の絶大な効果が確認できました。収穫できた株はまいた種の5割弱となったものの、生き残った株の生育は、通常の春秋まきにひけをとらないできばえでした。

種まき以降、30℃や35℃を超える暑さが連日続き、発芽直前や幼苗のうちに枯れてしまうものが多発しました。8月4日の中間チェック時の生存率は、「雨・日よけ栽培」でも6割弱と、厳しいものになりましたが、日よけの効果か、生育は順調でした。また、収穫までに8回雨が降り、雨よけのあるなしが生存率の差となってあらわれました。ホウレンソウの夏まき栽培には、雨よけが不可欠といえそうです。

マル秘30

ブロッコリーの側花蕾収穫

栽培実験の目的と条件

目的

ブロッコリーは、主茎につく頂花蕾を収穫したあとも株を残しておいて、わきから出る側花蕾も食べるのが家庭菜園では定番の楽しみ方です。側花蕾は葉のつけ根(節)から出るわき芽の花蕾で、節がたくさんあるほうが側花蕾の数も増えるので、頂花蕾を切り取る位置によって側花蕾の数が変わると考えられます。

そこで、できるだけ大きく、たくさんの側花蕾をとるため、頂花蕾を収穫するさいに残す主茎の長さを変えました。比較したのは、本葉をほとんどつけずに頂花蕾のすぐ下で切る「茎を長く残す」と、地際近くで切る「茎を短く残す」の2パターンです。

条件

植えつけ時期：8月下旬、収穫時期：11月中旬～。畝幅：60㎝、畝の高さ：5～10㎝、株間：35㎝。

秋ワザ

徹底比較 ブロッコリーの側花蕾収穫

たくさんとれるのはどっち?

11月中旬、花蕾の直径が12～14㎝になったところで、茎の長さを変えて頂花蕾を切り取る。収穫後、側花蕾を育てるために追肥し、株元にたっぷりと土寄せして倒伏を防ぐ。

茎を長く残す

頂花蕾ぎりぎりのところで切る。残る節が多くなるので、側花蕾がたくさん伸びると考えられる。側花蕾はたくさんできるが、数が多い分、養分が分散して個々の花蕾は小さくなると予測される。

茎を短く残す

地際で切る。残る節が少なくなるので、発生する側花蕾の数も少なくなる。少数の側花蕾の生育に養分が集中するため、一つ一つの花蕾が大きく育つと予測される。

12月中旬以降、側花蕾の収穫が始まる。花蕾の大きさにかかわらず、つぼみがよく締まっているうちに順次収穫する。3月下旬に株を片づけるまで、側花蕾は出続けた。

秘ワザ

検証結果 側花蕾を多くとるには、茎を長く残すとよい

ブロッコリーの側花蕾収穫

いずれも2株の合計をカウント。集計の結果、「茎を長く残す」が大差をつけて多く側花蕾がとれた。予想どおり、残す節の数が多いほど側花蕾も多く出た。葉の数が多い分、光合成には有利に働くという点も見逃せない。「茎を短く残す」は、全体的に花蕾が小さく、2月は10円玉大の小さな花蕾が1つだけだった。

茎を長く残す

側花蕾合計
58個525g

〈3月下旬〉 40個250g

〈3月上旬〉
8個71g

〈2月〉
5個94g

〈12～1月〉
5個110g

頂花蕾の長さ 12㎝

茎を短く残す

側花蕾合計
32個264g

〈3月下旬〉 19個95g

〈3月上旬〉
9個95g

〈2月〉
1個9g

〈12～1月〉
3個65g

頂花蕾と主茎の長さ
24㎝

12月中旬～翌年3月下旬まで、2～3週間おきに計6回収穫し、側花蕾の数と重さを記録しました。「茎を長く残す」は、標準的な頂花蕾（350～400g）の約1・5個分に相当する量の側花蕾がとれました。残す節の数が多いと側花蕾が多く出ることが確かめられました。時間の経過とともに花蕾のサイズが小さくなったのは、12～1月は主茎の節から出た一次的な花蕾で、その後は側枝から伸びる二次、三次の花蕾だったためと考えられます。一方、「残す茎が短ければ側花蕾は大きくなる」という予想は外れ、「茎を短く残す」は、サイズも小さめでした。

3月に入ると生育スピードが上がり、つぼみが締まったよい状態での収穫が難しくなりますが、毎日の収穫が可能ならまだまだ楽しめそうです。

マル秘31

タマネギの根切り植え

徹底比較

栽培実験の目的と条件

目的

タマネギの苗の植えつけは、白い部分を半分くらい土に埋め、まっすぐ植えるのが基本です。しかし、長い根がうまく植え穴に収まらず、ついつい深植えをしたくなります。ただしこれは、厳禁。緑色の分岐部に生長点があり、そこが埋まると生育が悪くなってしまうのです。そこで、思いきってタマネギの根を切ってしまおうというのが、この栽培法。植えつけが容易になるうえに、「エダマメの根切り植え」(P42)同様、〝根がたくさん伸びて水分を吸収しやすくなる〟〝病害虫に強くなる〟などの効果も期待できます。根の長さを3段階に切りそろえて比較しました。

条件

植えつけ時期：11月上旬、収穫時期：5月下旬。株間：15㎝、条間：15㎝。植えつけ後、土を寄せて安定させる。

秘ワザ 根切り植え

植えつけ直前に、葉鞘の下部からたくさん伸びているひげ根を切る。長さ7㎝だったものを、約3割にあたる2㎝まで切り詰めたものと、ひげ根をすべて切ってしまう「極短」の2種類を用意する。

普通ワザ 普通植え

植え方は「根切り植え」と同じ。穴あき黒マルチの穴の中心に、深さ5～6㎝の植え穴をあけ、苗の白い部分が半分程度埋まるように植えつける。植えつけ後、土を寄せて苗を安定させる。

〈植えつけから40日後のようす〉

11月下旬以降、寒さが本格化するまでに活着できなかったと思われる株が、欠株に。畝間には、保温のために籾殻をまいた。

検証結果 3割残しの根切りが最も高収量

普通ワザ

普通植え

もともと7㎝だったひげ根は、18㎝に伸びていた。伸長率としては最低で、長いものの広がりはない。

収穫数25個
総重量3650g
平均重量146g

秘ワザ

根切り植え(3割残し)

ひげ根の長さは17㎝と、元の2㎝から15㎝伸びた。根本に古い根の名残があるが、白い新しい根が広範囲に勢いよく広がっている。収穫できた玉の平均重量は「普通植え」よりも44%も増え、丸々としている。

収穫数24個
総重量5040g
平均重量210g

根切り植え(極短)

ひげ根をすべて切った「極短」は、根数が少なく短いものの、すべて定植後に伸びた新しい根。長さは13㎝。

収穫数24個
総重量4200g
平均重量175g

冬のあいだに欠株が数株出ましたが、その数に根の長さによる差はありませんでした。これは、定植後の早い段階で、根切りをした苗の根が再生し、活着したことを示しています。

5月下旬に収穫を行うと、根切り植えの「3割残し」でもっとも収量が高くなりました。「普通植え」に比べて、44%の増量。生育が心配された「極短」も、「普通植え」の20%増という高い収量を得たのは驚きです。大玉の個数においても、「普通植え」5個にたいして「3割残し」は9個とほぼ2倍の好成績となりました。

「3割残し」の根が極短よりよい結果を得ました。古い根を切ると新しい根の発生が促されるものの、切断直後は一時的に水や養分の吸収が停滞します。根をすべて切った「極短」は、その度合いが大きすぎたのでしょう。

マル秘 32

苗のサイズ別タマネギ栽培

栽培実験の目的と条件

目的

タマネギは、一定の太さ(9～10㎜以上)に育った後、12℃以下の低温に1か月以上さらされると花芽ができ、春に花が咲きます。これを「とう立ち」といいますが、養分がとうに回ってしまうため、肝心の玉が太らなくなります。太すぎる苗はとう立ちしやすくなるので避けたほうがよいといわれるのはそのためです。一方、細い苗は、とう立ちの心配はないものの、寒さで傷んで枯れてしまうおそれがあります。それでは、どのくらいがちょうどよい太さなのでしょうか。中生品種の太さの違う5種類の苗を用意し、11月下旬に植えつけて生育を比較しました。

条件

植えつけ時期：11月下旬、収穫時期：6月上旬。畝幅：70㎝、畝の高さ：5㎝、株間：15㎝、条間：15㎝。各サイズとも25株ずつ栽培。

徹底比較

秘ワザ 苗のサイズ別タマネギ栽培

5種類の太さで実験!

❶チョークの太さの苗

直径9㎜以上
葉の数約6枚
草丈約50㎝

玉が肥大し始めるなか、数株がとう立ちした。

❷鉛筆の太さの苗

直径7～8㎜
葉の数約5枚
草丈約40㎝

玉の肥大が始まる。生育は順調で、とう立ちの気配はない。

❸ストローの太さの苗

直径4～6㎜
葉の数約4枚
草丈約35㎝

玉の肥大が始まったものの、ばらつきがある。

❹竹串の太さの苗

直径3㎜
葉の数約3枚
草丈約33㎝

草丈は低く、まだ玉も肥大していない。

❺つまようじの太さの苗

直径2㎜以下
葉の数約2枚
草丈約14㎝

まだ玉は肥大せず。生育が悪く、欠株の数が増えた。

秘ワザ

苗のサイズ別タマネギ栽培

検証結果　ストローの太さまでが合格ライン

327g

❶チョークの太さの苗

ズシリと重い大玉が収穫でき、直径10㎝を超えるものも多かった。とう立ちしたのは25株中3株で、予想より少なくてすんだ。

266g

❷鉛筆の太さの苗

玉の直径は約7～8㎝で、全体的にそろいがよい。重量の平均値は、品種の推奨サイズの250gに近くなった。

190g

❸ストローの太さの苗

「鉛筆の太さ」よりやや小ぶりだが、締まりのよい玉ができた。収穫時、25株中19株（約8割）が倒伏していた。

75g

❹竹串の太さの苗

枯死した株こそないものの、直径4～5㎝のピンポン玉サイズにしか育たなかった。生育が遅れぎみで、半分の株が倒伏していなかった。

70g（6玉の平均値）

❺つまようじの太さの苗

玉の大きさは「竹串の太さ」とほぼ同じだが、ほとんど倒伏していない。冬を越す間に枯れたものが多く、欠株が7株にのぼった。

各サイズとも、倒伏した株のなかから最大と最小の玉を除外し、10玉ずつを選んで収穫。葉を10㎝ほど残して切り、根をつけたまま重量を測りました。

その結果、ベストといわれる「鉛筆」の太さはとう立ちせず、大きさのそろった良品が収穫できました。「チョーク」と「ストロー」も無事に収穫できました。大きさがそろった苗を準備するのは難しいので、「鉛筆」の太さを基本に、多少の大小は気にしなくてもよさそうです。やや細い「ストロー」も無事に冬を越すことができましたが、玉はやや小さくなりました。

一方で、「つまようじ」や「竹串」まで細くなると、収量が格段に落ちる結果となり、小さすぎる苗は避けたほうがよさそうです。植えつけた苗の太さが玉の大きさに比例することが確かめられました。

マル秘 33

タマネギの超密植栽培

秘ワザ 超密植栽培

植えつけの2〜3週間前に完熟堆肥を施し、よく耕して畝を立てる。通常のタマネギ栽培では植え穴をあけて苗を植えつけるが、「超密植栽培」は株間5㎝なので、溝を掘って5㎝間隔で苗を置き、溝を埋める要領で苗に土を寄せる。株間が5㎝より狭くなると玉が大きく育たないので要注意。また、葉の分かれ目が土に埋まらないように気をつける。

プロ直伝

5㎝間隔を簡単に

5㎝間隔で植え穴をあけるのは面倒。溝を切り、メジャーに合わせて苗を置いていけば作業が効率化できる。

徹底比較

普通ワザ 普通栽培

「超密植栽培」と同じように畝を立てたら、指で植え穴をあけ、苗を1本ずつ植えつける。株間は12〜15㎝とし、葉の分かれ目が土に埋まらないように気をつける。

ポイント 肥料の施し方

「超密植栽培」の元肥や追肥の量は、「普通栽培」と同じでよい。理由は、密植すると根が深く伸び、より広い範囲から養分を集めるようになるため。追肥はどちらの栽培方法も、冬越し前の12月中〜下旬と、春の生育を促す2月下旬の2回、油粕を施す。

栽培実験の目的と条件

目的

タマネギには、分げつを繰り返し、くっつき合った状態で株が増える性質があります。さらに、密植すると隣の苗と協力しながら根づき、競い合って伸びていくため、育ちがよくなるという利点があります。それだけでなく、タマネギ栽培の失敗で多い「春のとう立ち」と「冬越し」も回避できるはずです。体力のある大苗を植えると根づきはよくなりますが、春にとう立ちする確率がアップ。では、直径4〜6㎜の小苗や中苗ならどうかというと、疎植では霜柱の影響で浮き上がってしまい、根づけない可能性があります。それを解決するのが密植だと考えました。

条件

植えつけ時期：11月中旬〜下旬、収穫時期：6月中旬。畝幅：40㎝、高さ：10㎝、条間：20㎝の2条植え。

検証結果

形のそろった中玉サイズがずらり

秘ワザ 超密植栽培

収穫前の畑では、タマネギが肩を寄せ合ってずらりと並んだ。少々の欠株はあったものの、直径5〜6㎝、使い勝手のよい中玉サイズのタマネギが17個収穫できた。隣の玉とぶつかっても変形せず、やや縦長の形をしていることが特徴。

〈5月上旬のようす〉
地上部の生育はよく、草丈もある。冬越しの失敗による欠株も少ない。競合を起こすこともなく、良好な生育状況をみせた。

普通ワザ 普通栽培

玉の直径7㎝ほどの大玉サイズのタマネギができた。形は球形もしくは、やや扁平で、大きさは株によってばらつきがある。サイズでは超密植栽培を上回ったが、収穫できた個数は8個で「超密植栽培」より少ない。

〈5月上旬のようす〉
冬越しの失敗による欠株が目立つ。生育は順調に見えるが、「超密植栽培」と比べると、勢いに物足りなさが感じられた。

収穫期の「超密植栽培」の畑では、肥大した玉が隣の玉と数珠つなぎになっているようすが見られました。玉の大きさは「普通栽培」より小さかったものの、玉の中の鱗片の数は同じ。「超密植栽培」のほうがより玉が締まった状態となり、おいしさが凝縮する結果となりました。収量においては「普通栽培」に倍以上の差をつけ、玉の形もそろっていたことも特徴です。お互いに助け合いながら育った成果なのでしょう。

一方の「普通栽培」は、冬越しがうまくできなかった株があり、大きさは十分だったものの、収量が少なくなってしまいました。「超密植栽培」でできたサイズは大きすぎないので料理に使いやすいだけでなく、保存性にも長けています。家庭菜園でタマネギを栽培するなら、「超密植栽培」はおすすめです。

マル秘34

タマネギの植え比べ

秘ワザ

セル苗植え比べ

徹底比較

栽培実験の目的と条件

目的

栽培期間が長いタマネギだからこそ、植えたからには失敗したくないと考えるのは当然のことでしょう。大きさを求めるのか、収量を求めるのか、目的によって適した苗の植え方はあるのでしょうか。また、葉タマネギも楽しみたいという場合、もっとも効率がよいのはどんな植え方でしょうか。

そこで、セルトレーに1～3粒の種をまいて育てた苗を、1～3本立ちのまま畑に定植します。途中、玉の肥大が始まったところで間引きをするエリアとしないエリアに分けて、玉のできを比較しました。

条件

種まき時期：9月中旬、植えつけ時期：11月中旬、収穫時期：6月中旬。畝幅：70㎝、畝の高さ：10㎝、株間：15㎝、条間15㎝。各パターン、最終的に25か所分を収穫。中生品種を使用。

124穴のセルトレーに1～3粒の種をまき、定植適期になるまで育苗。根鉢を崩さないように抜き出した。これを、❶1本植え（セル苗）、❷1本植え（土を落として定植）、❸2本植え（間引いて1本に）、❹3本植え（間引いて1本に）、❺2本植え（間引きなし）、❻3本植え（間引きなし）の6とおりで栽培する。

〈4月中旬〉

❸❹のうち半分を、いちばん生育のよい株を残して1本に間引く。

〈5月上旬〉

❶1本植え（セル苗）

玉の肥大は順調に進んでいる。

❷1本植え（土落とし）

2本植え（間引きあり）とほぼ同程度の太りぐあい。

❸2本植え（間引いて1本に）

1本植え（土落とし）とほぼ同じ。

❹3本植え（間引いて1本に）

間引き時に根が傷んだのか、玉の肥大があまり進んでいない。

❺2本植え（間引きなし）

玉の大きさに勝ち負けが出てきた。

❻3本植え（間引きなし）

玉が太らないうえに、ばらつきが大きくなってきた。

検証結果

葉も玉も楽しむなら、2本植え

秘ワザ

セル苗植え比べ

2〜3本立ちの苗と1本立ちの苗とで総重量が変わらず、現在主流となっている条間・株間ともに15㎝で植えつけという栽培法の正しさを物語っていた。

大きい玉と小さい玉に10倍の差が!

❻3本植え（間引きなし）

最小40〜最大240g
平均124.7g
10穴合計3740g

小さく、ばらつきも大きいが、総重量は、❶の10玉分とほぼ同じ。

❺2本植え（間引きなし）

最小110〜最大260g
平均180.3g
10穴合計3605g

20玉の総重量は、❶の10玉分とほぼ同じ。

❷1本植え（土落とし）

最小200〜最大390g
平均300.5g　10穴合計3005g

❶に比べると小さく、ばらつきがある。

❹3本植え（間引いて1本に）

❸より収量減。
葉タマネギは細いが収量は多かった。

最小150〜最大300g
平均218g
10穴合計2180g

❸2本植え（間引いて1本に）

玉のばらつきは少ない。太くて質のよい葉タマネギができた。

最小225〜最大365g
平均294.5g　10穴合計2945g

❶1本植え（セル苗）

10玉とも290g超え。大きく、ばらつきはあまりない。

最小310〜最大415g
平均370g
10穴合計3700g

大半の株が倒れた6月中旬、6とおりの育て方のなかからマルチ10穴分の株を収穫し、葉と根を切って重さを測りました。

①と②の「1本植え」でも、セル苗と土落とし苗では平均重量で70gもの差が出ました。土を落とすと根が傷むため、初期生育に時間がかかったからと考えられます。

葉タマネギも楽しみたいときは、③がよさそうです。玉の品質を落とさず、間引き株も葉タマネギとしてりっぱにとれました。④は、③に比べて葉が細く、玉にもばらつきがありました。

1穴の苗の数は、間引きをしなかった①⑤⑥の10穴分の合計重量はほぼ同じ。玉の数にかかわらず、面積当たりの収量はほぼ同じという結果になりました。植える苗数によって玉の大きさが調整できそうです。

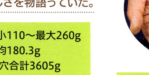

マル秘35

タマネギの多肥栽培

秘ワザ 多肥栽培

畑に元肥として、1㎡当たり堆肥スコップ1杯と化成肥料300gを施す。その後は、速効性の化成肥料（N・P・K＝8・8・8）を1㎡当たり100g、ほぼ1か月のサイクルで施す。化成肥料の肥効は約1か月なので、このようにして、つねに肥料が効いている状態をキープする。

〈実際に追肥したタイミング〉

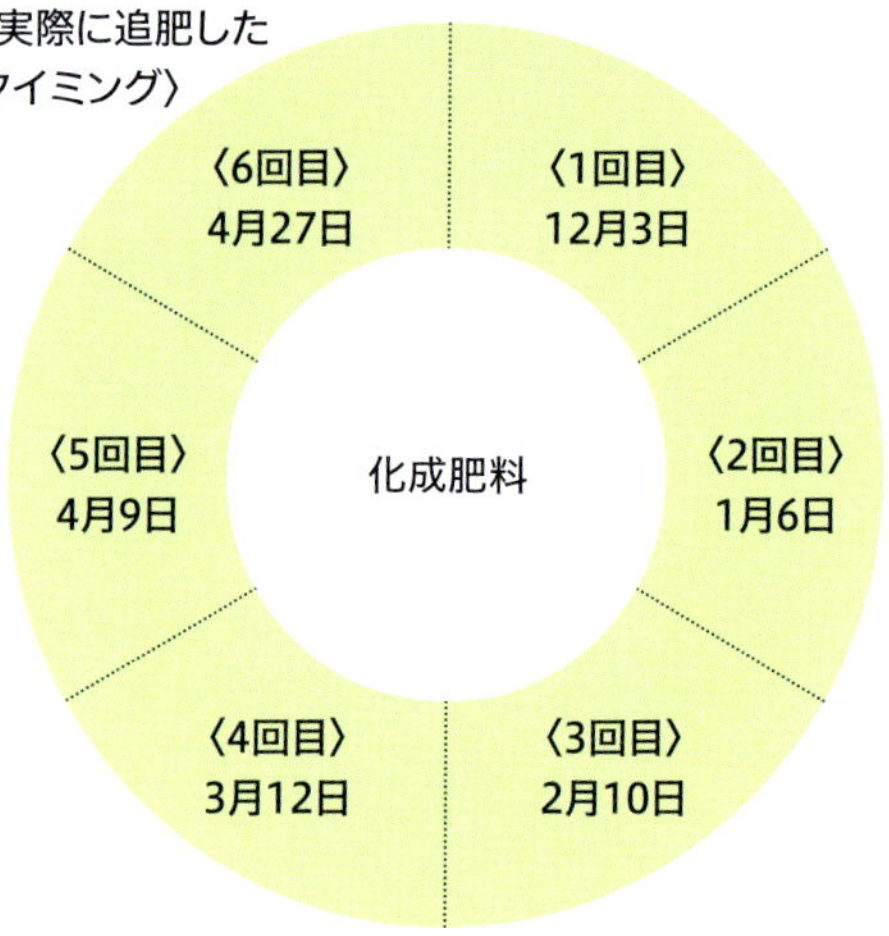

徹底比較

普通ワザ 普通栽培&少肥栽培

普通栽培は、元肥として1㎡当たり堆肥スコップ1杯と化成肥料300gを施し、化成肥料1㎡当たり50gを2回追肥する。少肥栽培は、元肥として1㎡当たり堆肥スコップ1杯を施すのみで、追肥はなし。

〈実際に追肥したタイミング〉

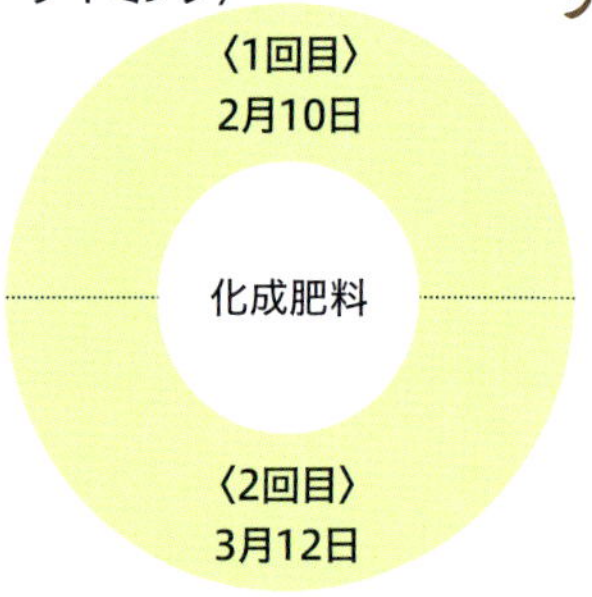

栽培実験の目的と条件

目的

化学肥料を使用しない有機無農薬の家庭菜園でも、たいていの作物はおいしく育てることができます。しかし、タマネギのように、肥料分を多く要する作物は、必ずしも多収とはいきません。玉ネギを大きく育てるには、肥大が始まる前に葉数を増やしておく必要があります。肥大が始まると葉が増えなくなるという性質もさることながら、葉は、光合成で養分をつくり、玉を肥大させる役割を担うもの。多肥栽培は、葉が生長している間、つねに肥料が効いている状態にする栽培法です。

条件

植えつけ時期：11月上旬、収穫時期：6月中旬。畝幅：60㎝、高さ：10㎝、穴あき黒マルチ使用。多肥栽培、普通栽培、少肥栽培の3エリアを設定し、多肥は条間：30㎝、株間：30㎝。普通と少肥は、条間:15㎝、株間：15㎝。品種は大玉の『アトン』。

〈4月下旬の株のようす〉

〈少肥栽培〉
葉の色艶はよいが、数は多肥、普通に比べるとやや少ない。草丈は低く、株も小さい。

〈普通栽培〉
根の活着が悪かったのか、冬のあいだに欠株が多く出た。本葉の数は8枚前後の展開。

〈多肥栽培〉
すでに玉の肥大が始まっている。本葉の数は8枚ほどと立派だが、葉先が枯れている株も多い。

検証結果
大玉にはなったが、多くがとう立ちした

㊙ワザ 多肥栽培

平均重量490g

重さが600gを超える玉もできるなど、特大サイズのタマネギを収穫することができた。同じ品種の普通栽培での平均が350gなので、多肥の効果は認められる。反面、8割近い株がとう立ちしてしまったことが改善点。

右がとう立ちした玉、左は順調に育った玉。とう立ちすると玉の肥大が抑制されるだけでなく、玉の中心がかたくなり、その部分は食用に向かなくなる。

5月上旬、とう立ちする株が出現

普通ワザ 普通栽培&少肥栽培

〈普通栽培〉

平均重量360g

〈少肥栽培〉

平均重量105g

「普通栽培」は、大きさでは「多肥栽培」に及ばなかったものの、この品種の平均とほぼ同じ大きさでの収穫となった。「少肥栽培」は、ピンポン玉サイズもあればテニスボールサイズもありと、大きさにばらつきがあった。

肥料を多く施すことで、タマネギが大きな玉になることは確認できました。しかし「普通栽培」と「少肥栽培」ではとう立ちしなかったのに対し、「多肥栽培」では8割近い株がとう立ちし、成功とはいえない結果となりました。とう立ちの原因のひとつは、低温時の株の育ちすぎです。肥料がつねに効いている状態にするために、12月に施した追肥が裏目に出たのでしょう。

　また「多肥栽培」は、4月下旬ごろまでは葉先が枯れつつも立派な葉を保っていましたが、生育後期にはほとんどの葉が枯れるという現象も。2～3月の追肥は効果がありましたが、4月以降の追肥は余分だったようです。追肥のタイミングを1月、2月、3月の計3回にすれば、とう立ちや葉先の枯れを回避して、大きなタマネギをつくることができそうです。

マル秘 36

ラッキョウの3粒植え

徹底比較

秘ワザ 3粒植え

種球の外側に枯れた皮がついている場合は取り除き、1球ずつ手で分けておく。深さ5㎝ほどの穴をあけ、茎を上にして置く。置くときは、3粒が互いに接した状態になるようにまとめること。1列に並べるのではなく、3粒で三角形をつくるイメージで置くとよい。

普通ワザ 1粒植え

「3粒植え」と同じように畝を立てて植え穴をあけ、茎を上に向けた種球を植えつける。

栽培実験の目的と条件

目的

ラッキョウは、発芽時の子葉が「双葉」ではなく1枚の「単子葉植物」です。ネギに近い仲間で、分げつによって株を増やしていきます。つまり、集団で固まって生きるのが普通の状態なのです。このような状態で栽培すると、根が競い合って伸び、養分を広い範囲から吸収しながら育っていきます。同じラッキョウの個体同士で排除し合うこともありません。何粒かまとめてラッキョウを植えて栽培したほうが、旺盛な生育が期待できます。また、お互いに病害虫への防御物質を出して助け合うことで、1粒で植えるよりも病害虫の被害を抑えることもできそうです。

条件

植えつけ時期：9月中旬、収穫時期：6月下旬。畝幅：40㎝、高さ：10㎝、株間：15㎝。植えつけの3週間前までによく耕し、畝を立てておく。

ポイント 種球は丸いものを

保存しておいた種球を選ぶときは、できるだけ丸い形のものを選ぶようにする。

プロ直伝 2年越しで花ラッキョウ栽培

ラッキョウを収穫せずに育て続けると分げつを繰り返し、翌年(植えつけの翌々年＝3年目)にはさらに大株になる。小粒の花ラッキョウは、この性質を利用して栽培する。3年目の株を掘り上げると、1粒当たりの大きさは小さくなっているものの、鱗茎は数十球に増えている。

検証結果

面積当たりの収量が約2倍に

3粒植え

全体的に「1粒植え」に比べると葉が長い。根の本数が多く、なおかつ長いことも目についた。掘り上げた株を調べてみると、1株当たり平均して19粒ほどの鱗茎がついていた。3粒が約6倍に増えた計算になる。

1粒あたりの増え方は「1粒植え」のほうが多いが、面積当たりで見ると、「3粒植え」のほうが収穫数でまさった。

1粒植え

掘り上げた株を調べてみると、1株当たり平均して10粒ほどの鱗茎がついていた。1粒が約10倍に増えた計算になる。傷んでいる鱗茎はなく、どれもきれいに育っていた。

収穫時の地上部を見ると、「3粒植え」のほうは「1粒植え」よりもはるかに葉数が多く、株の直径も10㎝ほどに大きく育っていました。隣の株とくっつくほどの勢いです。掘り上げた結果を見ると、1粒当たりの増え方は「1粒植え」が上。しかし、植えつけ面積で考えると、「3粒植え」の収量は約2倍です。秋から冬にかけて生長した根が、春以降の生育を促したのでしょう。

特筆すべきは品質の違いです。「3粒植え」は掘り上げるときからラッキョウのよい香りが漂いました。食べてみてもやわらかくほのかな甘みがあったのに対し、「1粒植え」は全体に辛みが強く、かたいものもありました。

ラッキョウをまとめ植えすると収量が増えるだけでなく、品質もよくなることがわかりました。

マル秘37

ニンニクのつるつる植え

栽培実験の目的と条件

目的

ニンニクの種球（鱗片）を覆う薄皮は種球を保護する役割があり、水分をはじきます。通常、ニンニクは「皮をつけたまま植える」とされていますが、皮のおもな役割は「保存時に種球を保護すること」で、植えつけにはあまり関係がありません。だとしたら、植えつけるときには皮がついていなくてもよさそうです。皮がついていると水分がはじかれるため、種球は水分をよく吸収できず、発芽までに時間がかかってしまいますが、皮をむいて植えつければ、発芽が早くなるのではないでしょうか。また、殺菌成分のアリシンもにじみ出て、病原菌の繁殖が抑えられると予測しました。

条件

植えつけ時期：9月中旬、収穫時期：6月中旬。畝幅：30㎝、高さ：10㎝、株間：15㎝。無肥料で栽培する。

徹底比較

秘ワザ　つるつる植え

つるつる植えにする種球は、乾燥してしまわないように、植えつけ前日か当日の朝に薄皮をむく。畝に穴を掘って種球1～2個分の深さに種球を差し込み、上から土をかぶせる。植えつけるときには、種球に傷がつかないように気をつけること。なお、水はけが悪くて肥料分の多い土の場合、皮をむいた種球は病気にかかりやすくなるため、畝を10㎝程度の高畝にするとよい。

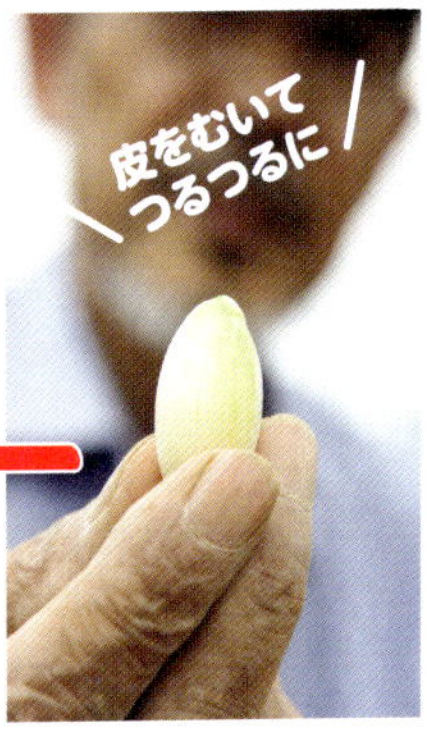

ポイント　皮をむくときの注意

薄皮はむきにくいので、爪などで表面を傷つけないように気をつけ、ていねいにむくようにする。とくに、先端の芽や、芽の反対側の根が出る茎盤を傷めると、生育に影響が出る。

普通ワザ　普通植え

薄皮をつけたままの種球を、つるつる植えと同じように植えつける。

プロ直伝　小さな種球は株間を半分に

植えつけは、大きく充実した種球ですることが基本だが、小さな種球がいくつかあったら、株間を半分にして小さな種球を2個とも植えるとよい。助け合って根を伸ばしながら生長するため、まずまずの球が収穫できる。

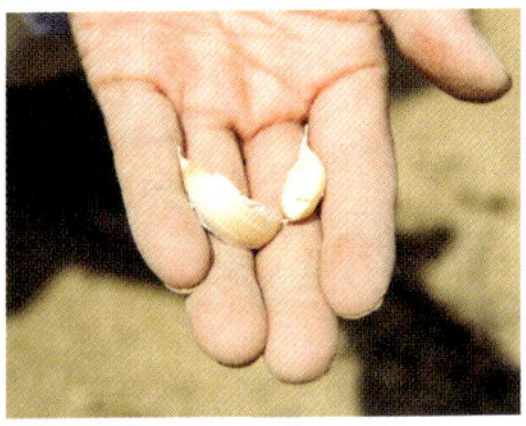

検証結果 ふた回り大きくサイズもそろった

秘ワザ つるつる植え

手のひらに乗り切らないほど大きな球が収穫できた。傷んだ球がなく、大きさがそろっていることにも注目したい。根もたくましく、びっしり伸びている。鱗片は19個を数え、「普通植え」の約2倍という結果に。

手のひら以上!?

鱗片の数は19個

普通ワザ 普通植え

おおむねよく育ったが、大きさに大小があり、ばらつきが見られる。内部の鱗片の数は10個程度。一般的な栽培方法なら、じゅうぶんに「合格」といえるレベルではある。

鱗片は10個程度

「つるつる植え」のほうが「普通植え」よりも、1週間ほど早く発芽して生長を始めましたが、冬越しをした後の地上部の生長に、大きな差はありませんでした。しかし、掘り上げた球の出来には、歴然とした違いが出ていました。皮をむいた「つるつる植え」は発芽が早く、それだけ球も大きく肥大したのでしょう。葉や茎の傷みも少なく、健全にたくましく育ちました。

並べてみると見劣りしてしまいますが、「普通植え」も決して出来が悪かったわけではありません。しかし、こうして比較することで、「つるつる植え」のすごさが、はっきりとわかりました。早く発芽する「つるつる植え」の特徴を活かせば、病原菌に感染するリスクが低くなる彼岸過ぎの遅植えも可能ですし、植え遅れたときの裏ワザとしても使えます。

マル秘38

ニンニクの植え比べ

徹底比較

栽培実験の目的と条件

目的

「ニンニクのつるつる植え」では、ニンニクの皮をむいて植えつける栽培法を紹介しましたが、これにジャガイモやサトイモで行う「逆さ植え」をプラスして、手軽に収穫ができてしかも多収という利点をかけ合わせることはできるでしょうか。

そこで、皮をむかないもの（「皮つき植え」）とむいたもの（「つるつる植え」）のほかに、芽が伸びる部分を下に向けた「逆さ植え」を、皮つき（「皮つき逆さ植え」）と皮なし（「つるつる逆さ植え」）で植える4つのパターンを比較栽培しました。

条件

植えつけ時期：9月下旬～10月上旬、収穫時期：6月上旬。畝幅：70㎝、畝の高さ：5㎝、株間：15㎝、条間：15㎝。皮をむくのは植える直前。

植えつけ方はすべてに共通。りん片の約2倍の深さの穴をあけ、それぞれの向きにりん片を植える。土をかぶせて手で軽く押さえる。

つるつる植え

秘ワザ

皮をむき、とがったほうを上にして植える。

つるつる逆さ植え

応用ワザ

皮をむき、とがったほうを下にして植える。

皮つき逆さ植え

皮つきのまま、とがったほうを下にして植える。

皮つき植え

普通ワザ

皮つきのまま、とがったほうを上にして植える。

検証結果

つるつる植えは、早く大きくなる

秘 ワザ

つるつる植え

平均重量は最大で、1つずつのりん片が肥大して盛り上がっている。草丈はもっとも高く、茎も太くてがっちり。

1球平均60g

応用 ワザ

つるつる逆さ植え

発芽は遅かったが生育が追いつき、「つるつる植え」よりやや小ぶりなだけ。茎は大きく湾曲している。

1球平均54g

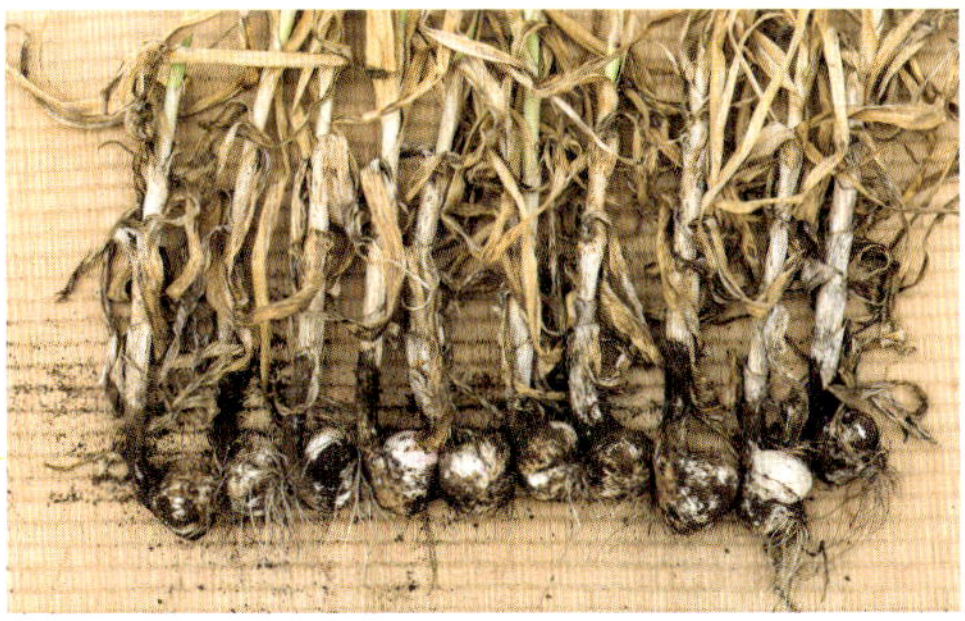

皮つき逆さ植え

平均重量は最小で、大きさにもばらつきがある。湾曲した茎の太さ、葉の茂りともに貧弱で、病気の影響も大きかった。

1球平均32g

普通 ワザ

皮つき植え

りん片の大きさは、種ニンニクと同等か、やや小ぶりのサイズ。栽培後半に赤さび病にかかったが、りん茎の肥大に大きな影響はなかった。

1球平均46g

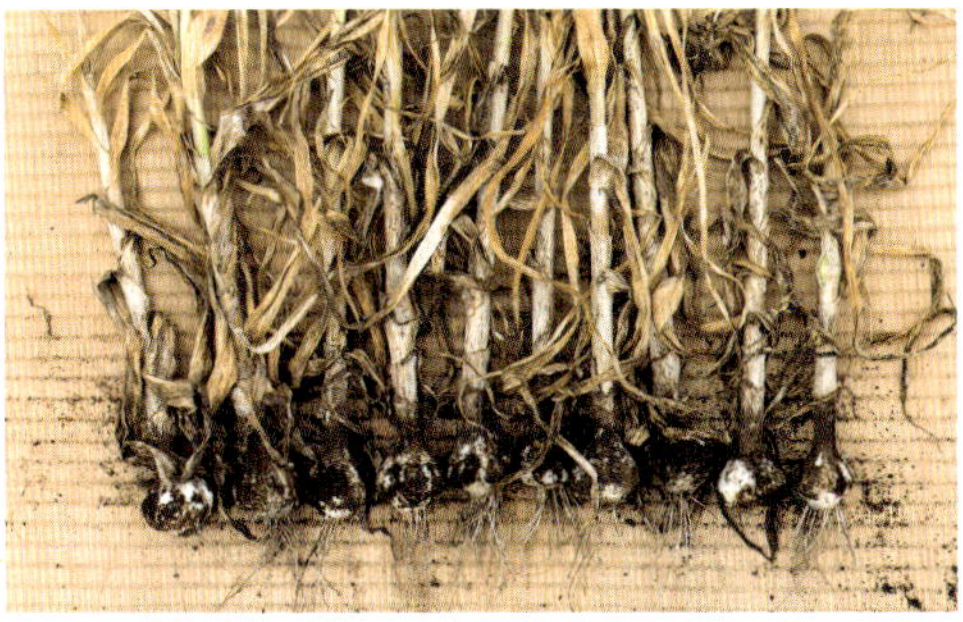

6月上旬にいっせいに収穫しました。4つのパターンごとに10球を選んで葉を切り、重さを測ったところ、もっとも大きく育ったのは「つるつる植え」でした。寒くなる前にしっかり根を張らせるには発芽が早いほうが有利ですが、無理な早植えは、高温による腐敗や発芽の不良を招くことがあります。その点、「つるつる植え」は発芽が早い分、9月下旬～10月上旬の適期に植えつけても充実した株になったと考えられます。春に赤さび病が発生しましたが、病気の影響を受けにくかったのも「つるつる植え」の特徴でした。「皮をむく」というはじめのひと手間で、大きなりん茎(球)ができるので、取り組んでみる価値はあります。

「逆さ植え」は、皮つき、皮なしとも収量減。しかも茎が湾曲しているため、扱いにくいのが難点でした。

マル秘39

ペットボトル促成栽培（レタス・小カブ）

徹底比較

栽培実験の目的と条件

目的

ポリエチレンやビニールなどのシートで覆ったトンネルの内部は、冬でも高いときは、日中は40℃以上になります。しかし、シートだけでは夜間の気温の低下は免れず、寒さに強い秋冬野菜といえども生育は停滞します。そこで、ペットボトルに水を入れてトンネル内に置けば、昼間は温度が上がりにくく、夜は下がりにくくなり、トンネル内の温度変化が小さくなるはずです。昼間は暑すぎ、夜は露地同様に冷えてしまうトンネル栽培の欠点を補うこの栽培法。穴ありシートでのトンネル被覆と組み合わせて、レタスと小カブを栽培します。

条件

種まき時期：1月下旬、収穫時期：4月中旬（レタス）、4月上旬（小カブ）。小カブは、株間15㎝、条間15㎝の5条マルチの2・4列めを使用。レタスは、株間30㎝、条間45㎝の互い違い2条マルチを使用。1穴に3粒まき。

秘ワザ

ペットボトル促成

種をまいたら、1.5～2ℓのペットボトルのラベルを剥がして水を入れ、畝の端と条間に隙間なく並べる。その後、発芽を促進するため、植え穴を覆うように不織布をかける。

さらに穴あきトンネルをかけ、種まきから6週間後にレタス、小カブとも、1か所1本に間引き（写真はレタス）。

普通ワザ

穴あきトンネル

穴から空気が出入りするため、トンネル内部が高温になりすぎない。標準的な保温方法。種まきから6週間後のレタスは、ペットボトル促成栽培より、生育にばらつきがみられる。

穴なしトンネル

トンネル内を密閉して栽培する。穴ありシートよりトンネル内の温度がずいぶん上がると考えられる。

ポイント

外気はしっかり遮断

トンネルシートをぴんと張って固定する。たわむと雨水がたまったり風に弱くなったりもする。抜けないようにピンを足で踏んで根元まで差す。

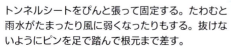

検証結果 レタス

栽培期間が10日短縮

秘ワザ

ペットボトル促成

葉の広がりは直径35～40㎝ほどになり、平均重量707gで、大玉がたくさんできた。葉がキャベツのようにしっかりと巻き、隙間がない。欠株なし。

普通ワザ

穴あきトンネル

葉の広がりは直径30～32㎝で、平均612g。球の大きさは手ごろで、葉の巻きはゆるくふんわりしている。欠株もなかった。

穴なしトンネル

葉の広がりは直径25～30㎝ほどで、生育にばらつきがあり、平均重量は470g。切断面を見ると葉は薄くて小さく、隙間が多い。欠株が4か所出た。

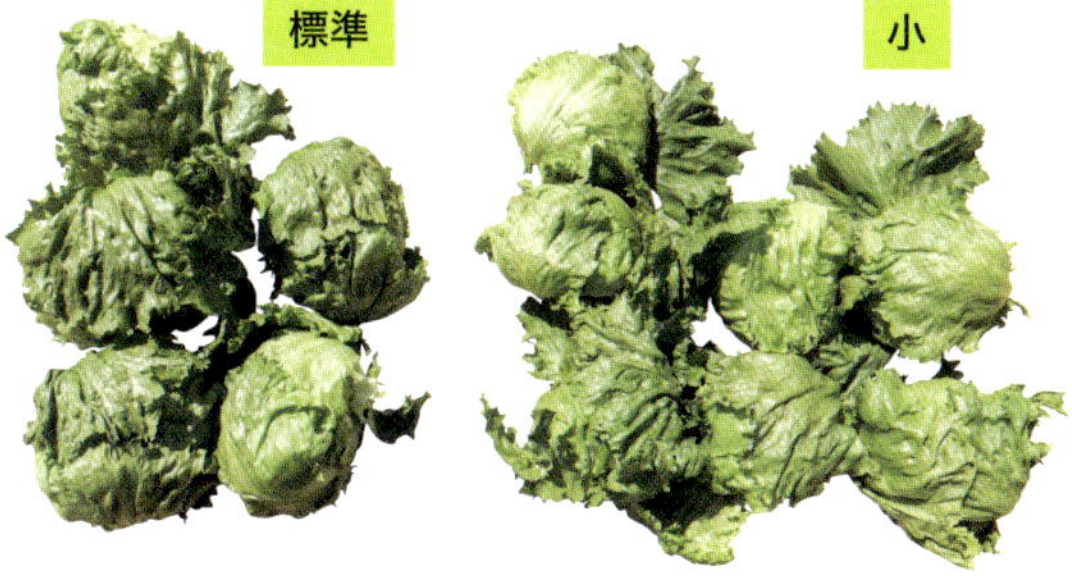

4月中旬に、いっせいに収穫。球を小・標準・大・特大に分類して比較しました。

重さを量ると、「穴あきトンネル」畝のものは標準サイズが中心なのにたいして、「ペットボトル促成」の畝はずっしりと重い球が多く、高温による生育不良を起こしたと思われる「穴なしトンネル」は、小さくて軽い球が多くなりました。

球を切ると、さらに大きな違いが。レタスは、葉がふんわりと巻いて軽いものが良品といわれますが、「ペットボトル促成」畝は葉がぎっしりと巻いて隙間がない状態。生育が進みすぎているともいえます。結果的に、ペットボトルの保温効果によってレタスは生育が早まっており、収穫が適期より10日ほど遅れてしまったようです。4月上旬にはペットボトルを取り除いてもよかったかもしれません。

検証結果 小カブ

圧倒的な大きさ。食味も良好

秋ワザ

ペットボトル促成

平均重量491g。360〜705gまでばらつきは大きいが、すべて「す」入りはなく、肉質、食味とも良好。

圧倒的なサイズ

普通ワザ

穴あきトンネル

最低310g、最高520gで、球のそろいがよい。平均重量369gは、出荷サイズの手ごろな大きさ。

穴なしトンネル

170〜270gのあいだに10個が分布し、平均重量は246g。葉が貧弱で細く、一部の株は高温障害で葉焼けを起こしている。

4月上旬、レタス同様、「穴あきトンネル」畝のカブが出荷サイズ(根の直径が6〜7㎝)になったところで収穫しました。それぞれの畝から大きいものを10個選抜し、傷んだ葉を取ったうえで重さを計測。平均重量がもっとも重かったのは「ペットボトル促成」畝でした。

たいして、「穴なしトンネル」畝の平均重量はその半分。トンネル内部が暑くなりすぎて、高温障害を起こしたとみられる株がたくさんありました。

小カブもペットボトルの保温効果で生育が早まり、7〜10日早く収穫しても十分な大きさでした。サイズだけでなく、肉質もよく締まり、裂根は一つもなし。

レタスにもいえることですが、もしまき遅れたとしても、10日ほどであれば「ペットボトル促成栽培」によって十分追いつくことができるはずです。

第3章

根菜類

マル秘40

ジャガイモの超浅植え

徹底比較

栽培実験の目的と条件

目的

ジャガイモのイモは茎の一部が肥大したもので、日に当たると緑色になるので、イモが露出しないように株元に土寄せをするのが一般的な栽培法です。イモが露出しやすいのは、種イモよりも浅い位置にできるからですが、実際には浅いほうが生長はよくなります。

そこで、種イモが見えるように地表に並べ、日光を遮断するために上から黒色マルチをかけて育てる「超浅植え」を紹介します。黒色マルチで緑化が防げるので土寄せは不要、さらにイモが地表近くの浅いところにつくため、肥大がよく収量も増えるはず。栽培が楽でどっさりとれる、いいことずくめの栽培法です。

条件

植えつけ時期：3月下旬、収穫時期：6月下旬。畝幅：40㎝、株間：25～30㎝、条間：30㎝。

秘ワザ 超浅植え

種イモのストロンがつながっていたへそ部分を切り落とす。へそ部分には発芽抑制物質が含まれているので、切り落とすことで芽の出がよくなる。へそ部分を切り落としたあと、頂部から切り口へ向けて縦半分に切り、1片が40～60gになるように種イモを切る。切り口に消石灰か草木灰をまぶす。

切り口を上にして、種イモの表面が畝面より上になるように軽く押しつける。

ポイント

逆さに植えつける

切り口を上に向ける「逆さ植え」にする。根が出やすい反面、芽は一度下や横に伸びてから上に向かうため、ストレスがかかって病気への抵抗性が高まる。

畝の全面を黒色マルチで覆う。土寄せがいらなくなり、泥はねの予防、雑草防除にも効果的。地温も上がるので、出芽、生育ともよくなる。植えつけから2週間後、芽がマルチを押し上げてきたら、マルチに小さな穴をあけて芽をのぞかせる。イモの緑化の原因になるので、穴はなるべく小さく。

普通ワザ 普通植え

深さ10㎝程度の溝に種イモを植えつける。生長に応じて、イモが露出しないように株元に土寄せする。

検証結果
収量アップ&楽に収穫

秘
ワザ

超浅植え

イモの数は多く、「普通植え」に比べて収量は明らかに多い。イモは畝の表面にあるので、収穫作業は拾い集めるだけ。楽で簡単。

マルチをはがすと、畝の表面にイモがゴロゴロできている。

形は、今回栽培した『メークイン』本来の長円形にほぼそろっている。

普通
ワザ

普通植え

よくできたが、「超浅植え」に比べると収量はやや少ない。収穫にはスコップやクワなどを使って、土を掘り返す必要がある。

イモの形はやや不ぞろい。

「イモは地表近くで肥大させると生育がよくなるが、地表に出ると緑化する」という難題をクリアするのが超浅植えです。収量を比較すると、明らかに「超浅植え」のほうが多くなり、イモの形も品種本来のものが多くなりました。地表近くでのびのび育ったためと思われます。マルチをはがせば地表にイモがゴロゴロ並んでいるので、収穫は掘り上げるというより拾い集める感覚です。ただし、一部のイモは地面の浅いところに潜っていることもあるので、軽く掘ってチェックしましょう。

一方、「普通植え」は、「超浅植え」に比べて収量は少なくなりましたが、通常の栽培としては標準的な量なので、「超浅植え」の多さがめだつ結果となりました。また、「普通植え」は、「超浅植え」より初期生育が遅いため、収穫時期もやや遅くなりました。

マル秘41

ジャガイモのへそ取り栽培

徹底比較

栽培実験の目的と条件

目的

ジャガイモのイモは、もともと茎の一部。地下の茎から「ストロン」と呼ばれるわき芽が長く伸び、その先端部分が肥大したものです。「へそ」とは、イモにストロンがついていた場所。その反対側の頭の部分は、もともとストロンのいちばん先端だったところで、ここにたくさん密集している芽が休眠をし、生長を止めています。植えつけには、春になって温度が上がり、休眠が破れて芽が伸び始めたものを使いますが、このとき、反対側のへそを切ると、生育初期に芽の生長が促進されて収量が増え、光合成でつくられるデンプンの量も多くなるので、それだけホクホクしたおいしいイモがとれるはずです。

条件

畝幅：70cm、畝高：10cm、株間：30cm。黒マルチを張って「超浅植え」(P90)。

秘ワザ へそ取り栽培

植えつけは、日中の気温が12～18℃になってから。植えつけの数日前に種イモを日なたに置いて、芽の生長を促すと、芽はかたく充実し、折れたり病気になりにくくなる。夕方には取り込む。清潔な包丁でへその周囲を切る。

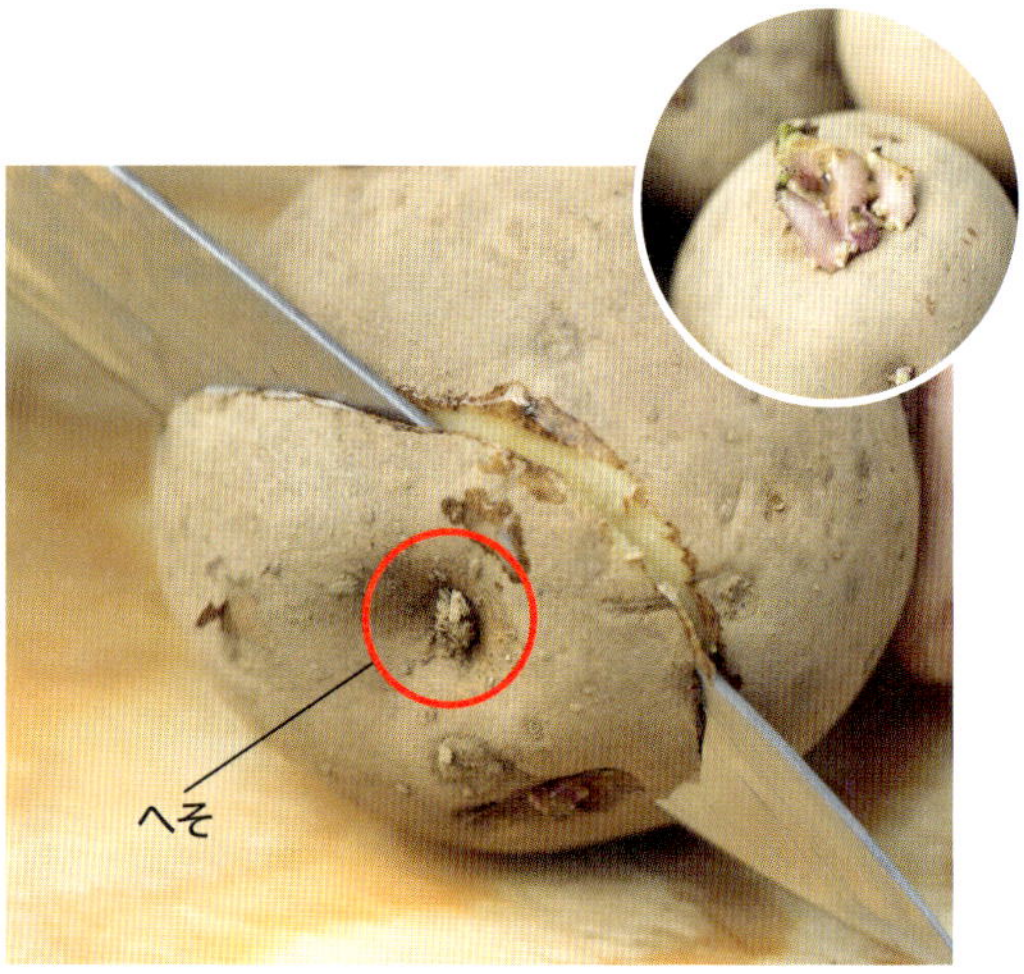

ポイント 草木灰をつける

さらに半分に切るときは、頭とへそ側の切り口を通るように縦に切る。切断面から腐敗しないように草木灰をつける。ない場合は、切断面がコルク質になるまで数日間日光に当てる。

普通ワザ へそあり栽培

へそを残して植える以外は、へそ取り栽培と同じ。植えつけは、黒マルチに切り込みを入れ、切断面を上にして種イモを差し込む。

検証結果
収量2割増し。味は格別に

秘ワザ

へそ取り栽培

株は「へそあり栽培」と比べて生育が早く、草勢が強く育った。3株からとれたイモの総数は「へそあり栽培」よりやや少なかったものの、大きいサイズのイモが多く、総重量では2割ほど上回った。

3株のイモの合計50個
総重量2800g
特大…4個　大…12個
中…10個　小…24個

3株のイモの合計55個　総重量2400g
特大…2個　大…10個
中…15個　小…28個

普通ワザ

へそあり栽培

順調に生育したが、草勢は「へそ取り栽培」に比べると、ややおとなしめ。収穫したイモも、比較すると中～小サイズがやや多かった。

発芽後の生育は「へそ取り栽培」がつねにリードして進み、へそ取りの効果が実感できました。一般的な植え方の「へそあり栽培」の生育もじゅうぶん順調といえましたが、イモのサイズやそろいは「へそ取り栽培」に及ばず。

そしてなによりの違いは、その味でした。「へそ取り栽培」のイモは、食べてみるとデンプン量が多く、ホクホクして美味。ジャガイモは12～23℃の生育適温期に盛んに光合成をしてデンプンをつくり、28℃以上になると生育が止まって葉が枯れ、デンプンを地下へと流転させてイモを肥大させます。つまり、生育適温期にたっぷりと光合成をしておくことが、イモの収量を上げるカギなのです。へそ取りによって初期生育が早まり、株が充実した状態を長く維持できたため、それだけ光合成がよく行えたのでしょう。

マル秘42

ジャガイモの種割り実験

徹底比較

切り方でどう変わる?

栽培実験の目的と条件

目的

ジャガイモの種イモを分割するときは、くぼみのある尻部(へそ)を下にして、その反対側の頂部にある複数の芽(頂芽)が均等になるように、縦に切り分けるのが基本です。頂部には発芽力の高い芽がたくさん集まっている一方、くぼみの近くは芽の数が少ないうえに発芽力が弱いからです。では、種イモの尻部だけを植えたり、横に切って植えたりすると、生育と収量はどう変わるのでしょうか。

1個100～150gの種イモを用意し、切り方を変えた4種類の種イモ片を作ります。深さ10㎝の植え溝を掘り、切り口を下にして種イモ片を植えつけます。

条件

植えつけ時期：3月下旬、収穫時期：6月下旬。畝幅：60㎝、畝の高さ：5～10㎝、株間：35㎝。

❶丸ごと植え

丸ごと植える。

❷縦半分植え

縦に2分割する。

❸お尻植え

横に2分割したものの下部(尻部)。

❹頭植え

横に2分割したものの上部(頭部)。

〈4月20日〉 植えつけから約1か月。もっとも生育がよいのは「丸ごと植え」で、「お尻植え」は出芽が遅いためか茎葉の伸びが鈍い。「頭植え」と「縦半分植え」の生育は同程度。

〈5月6日〉 「丸ごと植え」は10本以上、「縦半分植え」と「頭植え」は7～8本、「お尻植え」は4～5本の芽が出ている。葉の茂り具合も、芽の数に比例している。生育を比較するため、芽かきはしない。

〈6月7日〉 「丸ごと植え」は葉が黄色くなり、「頭植え」と「縦半分植え」もわずかに黄ばみ始める。「お尻植え」はまだ青々としている。

検証結果

縦半分植えが最大効率

秘ワザ

❶丸ごと植え

総重量、数とも最も多く、最大で2160gもの収穫があった。大粒から中粒まで、大きさにはばらつきがある。芽の数が多いうえ種イモの養分がたっぷりとあるので、茎葉が旺盛に茂ったが、収量は「縦半分植え」の1.3〜1.6倍程度にとどまる。まっ先に芽が出たものの、数が多すぎて競合したのではないか。

1株平均17個
(平均1707g)
芽の数は10本以上

❷縦半分植え

種イモ半分で、「丸ごと植え」の8割程度の収量になった。粒がそろったイモが多く、直売所などに出荷できるサイズ(50g以上)を下回る小粒なイモは少ない。収量、数とも標準的なでき。

1株平均14個
(平均1377g)
芽の数は7〜8本

❸お尻植え

430〜1890gまで収量の幅が大きく、イモの数も6〜17個とばらつきがある。尻部からも芽が伸びることは実証されたが、出芽の遅れが収量を左右するというわかりやすい結果になった。出芽が遅れると生育期間が短くなり、茎葉の茂り具合も弱くなる。収量もイモの数も最低なのは納得の結果。

1株平均11個
(平均1043g)
芽の数は4〜5本

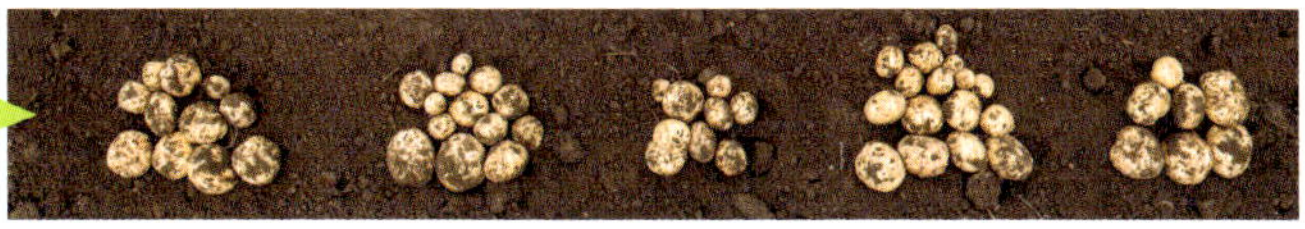

❹頭植え

よい芽の集まった頭部を植えた割には、収量、数とも物足りない。430〜1440gまで、株ごとの収量のばらつきが大きい。芽がたくさん出て大収穫になるかと期待していたが、芽の数は「縦半分植え」とほぼ同じ。収量は「縦半分植え」より少ないという意外な結果になった。「丸ごと植え」同様、競合で負けた芽があったのかもしれない。

1株平均12個
(平均1092g)
芽の数は7〜8本

いっせいに収穫し、直売所出荷サイズの1個50g以上のイモを選んで株ごとにまとめました。ひと目でわかるのは、「お尻植え」の収量の少なさです。出芽に時間がかかるうえ芽の数が少なく、茎葉の伸びは貧弱なままだったので、この結果もやむをえません。

「丸ごと植え」が収量、個数とも最大になったのは予想どおりですが、半分に切った種イモの2倍とれたわけではないので、切り分けたほうが栽培効率は上がります。収量が安定して粒ぞろいがよかったのは、基本に忠実な「縦半分植え」でした。

実験の結果、出芽の遅速が収量に大きく関係することがわかりました。出芽が早いと茎葉の生育期間が長くなり、イモの肥大もよくなります。発芽力の弱い「お尻植え」は、スタート時から出遅れていたといえそうです。

マル秘 43

ジャガイモの芽挿し栽培

徹底比較

栽培実験の目的と条件

目的

ジャガイモは、種イモを植えて栽培するのが一般的です。通常、種イモからは5～10本程度の芽が出ますが、養分が分散して新たにできるイモが小さくなりがちなため、大きなイモを育てたい場合は、出芽した芽を2、3本に間引いて新たにできたイモに養分を集中させます。今回は、このかき取った芽を土に挿して新たなイモができるかを実験しました。光合成や根から吸収する養分に加えて、初期生育には種イモの養分に頼る部分も多いジャガイモ。果たして芽挿し栽培は成功するでしょうか。

条件

株間：30㎝。〈芽挿し栽培〉植えつけ時期：4月上旬、芽挿し時期：4月下旬、収穫時期：7月上旬。〈普通栽培〉植えつけ時期：4月上旬、収穫時期：6月下旬。

秘ワザ 芽挿し栽培

いちど畑に仮植えをした株を、芽が20～30㎝ほど伸びたら掘り上げる。

かき取った芽を植えるのに加えて、種イモ自体も、再度、植えつける。

種イモから採った芽は、深さ10㎝ほどの溝を掘って植える。こうすることで、生育後の土寄せの手間が省ける。

普通ワザ 普通栽培

種イモを半分に切り、断面を下にして植えつけ。

検証結果
品種によっては5倍の増収実現

秘ワザ 芽挿し栽培

芽出しをしてから定植し直すぶん、普通栽培から2週間ほど遅れての収穫。栽培した品種は、『アンデス赤』。普通栽培の約5倍の収量を実現した。

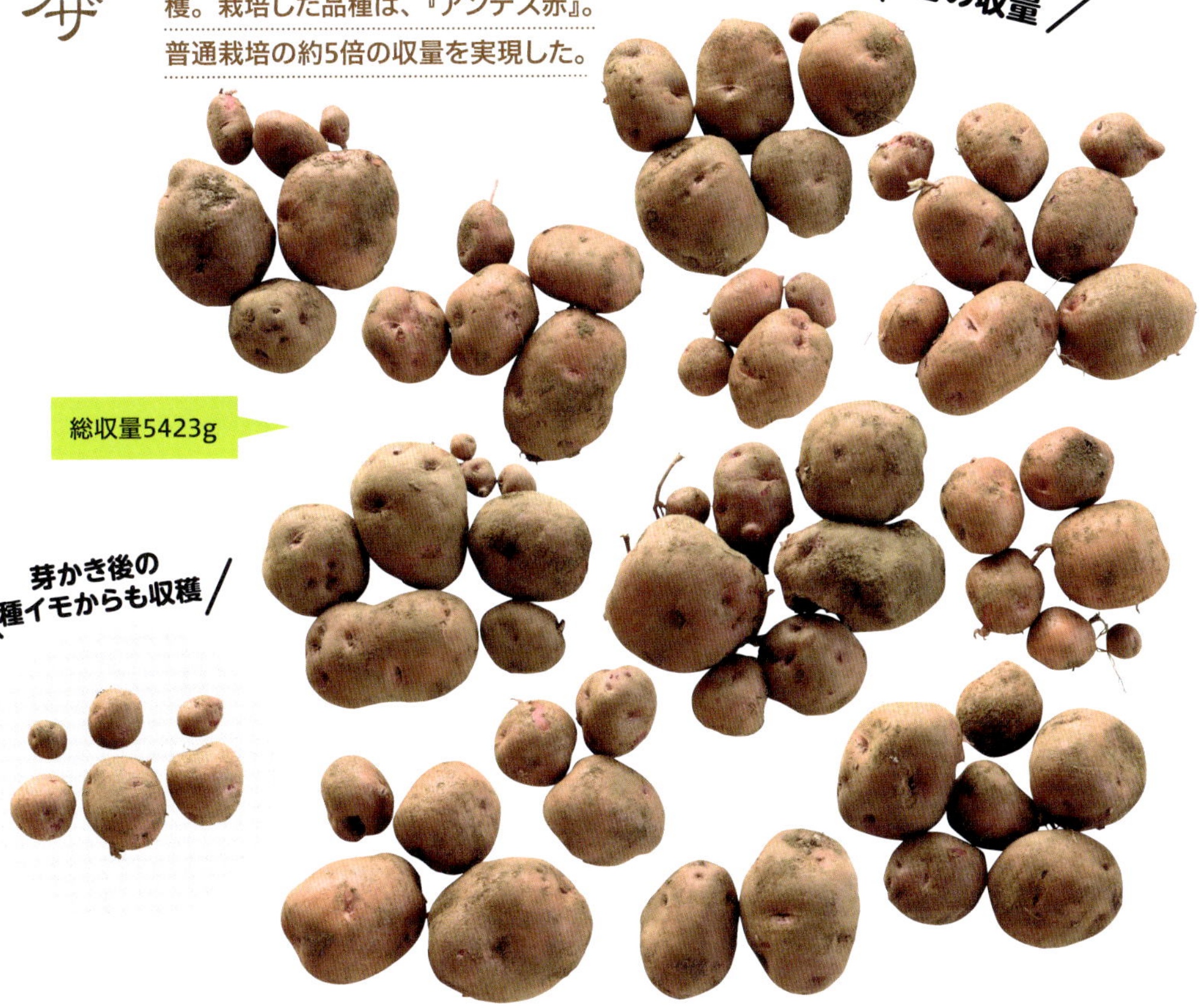

普通ワザ 普通栽培

『アンデス赤』の収量では芽挿し栽培に大きく差をつけられたが、写真にはない『メークイン』では逆の結果に。

結果としては、「芽挿し栽培」は大成功。それぞれの芽にたくさんのイモがつき、「普通栽培」の5倍の増収を実現しました。通常なら種イモ5個分からとれる量が、たった1個の種イモからとれるのですから、これはお得です。

また、植えつけ後は芽かきが不要で、土寄せの回数も通常より減らせるので、作業を省力化することができます。

ところで、『アンデス赤』という品種では大成功した「芽挿し栽培」ですが、『メークイン』ではうまくいかず、逆に「普通栽培」より収量が減ってしまいました。これは、休眠期間が短い『アンデス赤』では、芽挿しをする時点で栄養分が芽に行き渡っていたのが、『メークイン』ではまだ親イモに留まっていたからだと考えられます。なるべく、休眠期間の短い品種を使うのがよいでしょう。

マル秘44

地温アップアイデア実験

徹底比較

栽培実験の目的と条件

目的

地温の維持を目的に、どのような被覆資材のかけ方がもっとも保温効果が高いかを比較します。①透明マルチは、地温アップの定番資材。しかし、夜間の放射冷却によって温度が下がるおそれがあります。②銀マルチは、高温期に温度上昇を防ぐための使用が多いものの、高い反射性を生かして夜間の放射冷却を防ぐ効果を期待。③発泡性の緩衝材（通称プチプチ）は、気泡部分に含んだ空気に断熱効果がありそうです。④水を入れたペットボトル（2ℓ）は、熱しにくく冷めにくい水の性質を利用。それぞれに小カブの種をまき、不織布をべたがけした上に穴あきのトンネルシートをかけて比べました。

条件

種まき時期：1月下旬、収穫時期：4月上旬。畝幅：70㎝、畝の高さ：10㎝、株間：30㎝、条間：45㎝。

秘ワザ プチプチマルチ

通常のマルチフィルムと同じ要領で畝を覆う。なるべく多くの空気が含まれるように凸面を地表面に向けて敷く。通常のマルチフィルムに比べて厚みがあるが、穴あけ器できれいに穴をあけることができた。

応用ワザ ペットボトル埋設

畝の中央に溝を掘り、ペットボトルを1列に並べる。畝面とペットボトルの高さが同じになるように溝の深さを調節し、ペットボトルの上の土をよく払う。

埋設したペットボトルの上に透明マルチを張り、マルチの肩の部分にペットボトルを置き、土を寄せる。ペットボトルの上面に土をかけないように。

普通ワザ 透明マルチ 銀マルチ

市販の透明マルチと銀マルチをそれぞれ使用。マル秘技も含め、いずれの方法も、植え穴に小カブの種を3粒ずつの点まき。播種後に不織布をべた掛けし、穴あきのポリトンネルを掛ける。

検証結果

プチプチは地温・気温のバランス良好

秘 ワザ

プチプチマルチ

玉の大きさ、重量とも最大となった。平均的な小カブより二回りほど大きいが、比較的玉のそろいがよく、すが入っているものはなかった。地温を高めに維持しつつ、トンネル内気温は透明マルチに次ぐ高さに。

総収量6990g　平均582.5g

応用 ワザ

ペットボトル埋設

プチプチマルチ、透明マルチを下回り、銀マルチと同程度の収量にがっかり。地温はもっとも高くなったが、トンネル内気温は銀マルチに近い低さ。

総収量5850g　平均487.5g

透明マルチ

玉の大きさにややばらつきはあるが、冬の小カブのスタンダード。地温はペットボトルに劣るが、トンネル内の気温はもっとも高い。

総収量6140g　平均511.7g

普通 ワザ

銀マルチ

プチプチ畝に比べて、玉の重さは平均で約100gも小さく、生育の遅れは明らか。地温もトンネル内気温も最低レベル。

総収量5810g　平均484.2g

　4月上旬にいっせいに収穫し、各栽培法とも12株すべての重さを葉つきのまま計測しました。見た目も重量のデータからも、「プチプチマルチ」の生育がよいのは一目瞭然です。標準サイズと考えられる「透明マルチ」に比べると、1株当たり70gも大きくなりました。とり遅れを心配しましたが、肉質はち密で、すが入ったものはありません。一方、「ペットボトル埋設」と「銀マルチ」は、アイデア倒れに終わりました。

　また、栽培期間をとおして、トンネル内の気温と地温を測定したところ、「プチプチ」は地温とトンネル内の気温のどちらも高めに推移した一方、「銀マルチ」はどちらも最低レベル。「ペットボトル埋設」は、地温は高くなりましたが、トンネル内気温は上がらず、この差が野菜のできに直結したと考えられます。

マル秘45

カブとダイコンの酒粕栽培

徹底比較

＼3つの栽培法で比較！／

酒粕、ボカシ肥ともに、種まきの2週間ほど前に元肥として施肥。

秘ワザ

酒粕栽培

畝に深さ10㎝ほどの溝を掘り、1m当たり約500gの酒粕をピンポン玉サイズのだんごにして並べた。

普通ワザ

ボカシ肥栽培

1m当たり約100gのボカシ肥を溝施肥。ボカシ肥は、魚粉や油粕などを原料にした（N・P・K＝4・5・2）の市販品を使用。

無肥料栽培

前作に栽培したスイカを撤去したあと、念入りに耕したのみで、堆肥や肥料は施さない。

栽培実験の目的と条件

目的

酒粕は、日本酒などを造る過程でできる副産物です。副産物ではありますが、非常に栄養価が高く、料理の材料としても使われます。江戸時代の農書『百姓伝記』には、「稲の肥料や野菜の元肥に効果的」とも書かれている酒粕。その成分をみてみると、タンパク質中の窒素分をはじめ、カリウムやカルシウム、マグネシウム、リンなど、野菜の生長に欠かせない栄養素がたっぷりと含まれていて、肥料としてもたいへん有用なことが推察できます。そこで、スーパーなどで市販されている一般的な酒粕を使ってダイコンとカブを栽培。ボカシ肥を使った栽培と無肥料栽培を比較材料として、その効果を確かめます。

条件

種まき時期：9月上旬、収穫時期：12月上旬。株間：25㎝。

発芽後、ダイコン、カブともに本葉2～3枚になったところで1回めの間引き。10月上旬に本葉6～7枚で2回めの間引きをして1本立ちに。2回めの間引きに合わせて、「酒粕栽培」と「ボカシ肥栽培」は追肥をする。畝の肩に1m当たり酒粕を約200g、元肥と同じようにだんご状にして施し、ボカシ肥は1m当たり約50g。

検証結果

無肥料栽培の4倍に肥大！

秘
ワザ

酒粕栽培

ダイコン、カブともに一般的なサイズで特別大きいわけではないが、同じ土壌で育てた「ボカシ肥栽培」に比べると、重量比でダイコンは約2倍、カブは2.7倍になった。形もよい。

ダイコン 平均1.8kg
カブ 平均1.19kg

〈ダイコン〉
〈カブ〉 どちらも「す」入りはなく、みずみずしい。

ボカシ肥栽培

元肥や追肥を施してふつうに栽培した場合、ダイコンはこのサイズになる。やや細身だが、1回で食べきるにはちょうどいい。カブは初期の虫の食害が影響したもよう。

普通
ワザ

ダイコン 平均0.94kg
カブ 平均0.44kg

無肥料栽培

ダイコン、カブともに重量比で「酒粕栽培」の4分の1ほど。畑に地力がないことが明らかになったとともに、酒粕がずば抜けた肥力を持っていることを示す結果にもなった。

ダイコン 平均0.45kg
カブ 平均0.26kg

そもそもの地力がなかったらしく、全体的にみて平均サイズより小さいできばえでした。しかし、それぞれの重量の比率をみれば、酒粕の効果がはっきりと現れています。

各栽培法において、ダイコン、カブともに6〜8株を栽培し、収穫できた株の平均重量を測定すると、「酒粕栽培」は「ボカシ肥栽培」の約2倍、「無肥料栽培」の約4倍の収量が得られました。有機肥料として万能なボカシ肥に優るとも劣らない効果が実証されました。

「酒粕栽培」成功の理由は2つ考えられます。1つめは、酒粕に含まれるチッ素・リン酸・カリの肥料の3大要素などの養分が効いたこと。2つめは、酵母菌が働き、土壌微生物を活性化したことです。

水に溶いてまくなど、酒粕の施用法はまだまだ考えられそうです。

マル秘46

ダイコンの段ボール高畝栽培

徹底比較

秘ワザ 段ボール高畝栽培

飲料水などの段ボール箱（写真は30×15×20㎝）を用意し、天地を開いて筒状にする。段ボールは、そのままでは水に弱く、土を入れると圧力で破れてしまうため、周りに布製の粘着テープを巻きつけて使う。耕した畑の上に段ボールを30㎝間隔で置き、元肥としてボカシ肥を鋤き込んだ土を充填。その後、1箱につき2か所、3粒ずつ点まきにする。間引きは、種まきから約2週間後と約1か月後の2回行い、1箱2本立ちで育てる。

完成

粘着テープで補強

ポイント **段ボールは筒状に**

天地を開いた段ボールはしっかりと粘着テープを巻いて補強し、筒状にする。こうすれば、段ボール内部から畑の土へと根が伸びていける。肥料袋などで代用する場合は、底を切り開く。

普通ワザ 普通栽培

高さ5㎝ほどの畝を立てて、種をまく。約2週間後と約1か月後に間引きをし、最終的に株間15㎝の1本立ちにする。株間15㎝は通常よりやや狭いが、「段ボール高畝栽培」に合わせての設定。

栽培実験の目的と条件

目的

ダイコン栽培を成功させるコツは、深くまでよく耕し、根がまっすぐ伸びるようにすることです。しかし、地下水位が高い、土がかたい、水はけが悪いなど、畑の状態によっては根が伸びず、寸詰まりのダイコンしかできないというケースも。高畝にすれば解決しそうですが、ふつうに土を盛り上げても15㎝ほどですから、あまり効果は期待できないでしょう。そこで、段ボールを使い、局所的に30～40㎝ほどの高畝をつくったらどうかと考えました。根が伸びるスペースを確保できれば、長いダイコンが収穫できるはずです。

条件

種まき時期：9月中旬、収穫時期：12月中旬。畝の高さ：30～40㎝、普通栽培は5㎝。いつも寸詰まりになる地下水位の高い畑で、青首ダイコン『耐病総太り』を栽培。

検証結果

寸詰まりが解消できた

秋ワザ 段ボール高畝栽培

育てた品種の基準である38㎝には届かなかったものの、もっともよく育ったもので約30㎝。間引きの時点でもじゅうぶんな根の伸びが確認でき、品種本来の姿形に近づく出来となった。太さも、じゅうぶんだった。

普通ワザ 普通栽培

間引きの時点でも根は短かったが、やはりこれまでと同じように、寸詰まりのダイコンになった。根の先が曲がったり細かく分かれたりしたものも多く、長さだけでなく、太り具合もいまひとつという結果に。

重さ：平均408g
長さ：平均17.8㎝

何本もの根がまばらに生えていた。

重さ：平均766g
長さ：平均26.4㎝

根の先端は地下深くまで伸びていた。

〈段ボールの内部〉

直径の比較

〈普通栽培〉　〈段ボール高畝栽培〉

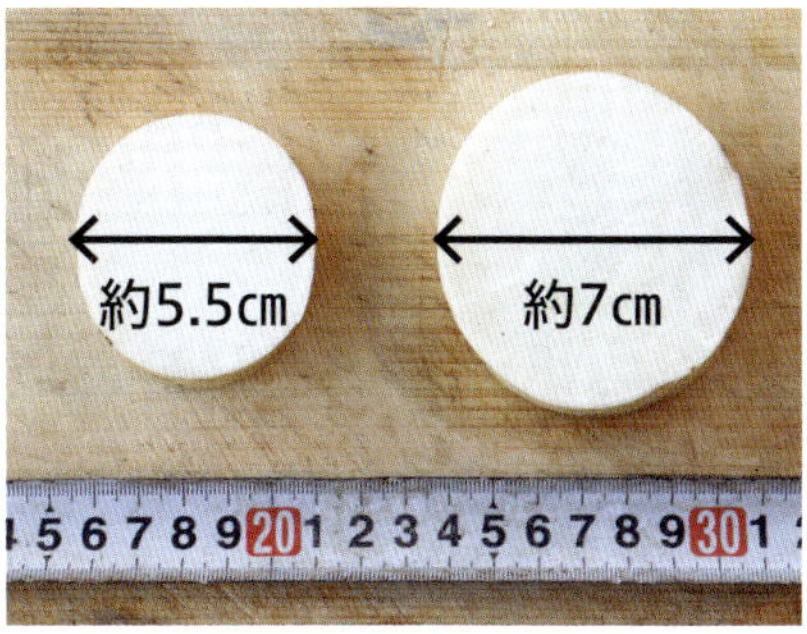

地上部の生育状況に大きな差はなかったものの、引き抜いてみると「段ボール高畝栽培」と「普通栽培」には、明らかな違いが出ました。高畝にしたほうは曲がりもなく、根の先端も畑の中まで長く伸びていました。段ボールで畝を高くした分、根が伸びやすかったのでしょう。さらに段ボールの側面からも日光を受ける「段ボール高畝栽培」には、地温上昇効果もみられました。ダイコンの根の伸長と肥大には地温も関係するため、生育が促され、太さでも「普通栽培」を上回ったようです。

「普通栽培」のほうは、これまでと同様、寸詰まりのダイコンになりました。先端の根の状態も、あるべき姿とは異なっています。耕土の浅い畑で品質のよいダイコンを収穫するために、「段ボール高畝栽培」は有効といえます。

マル秘47

ダイコンの熱消毒畝栽培

徹底比較

栽培実験の目的と条件

目的

土の中には、生育を阻害する害虫や病原体が潜んでいて、これらが多い畑で野菜を作り続けると、被害が収まらないだけでなく、拡大することもあります。被害を抑えるためには薬剤を使った消毒法がありますが、比較的手軽にできて効果が高いのが太陽熱消毒です。

太陽熱消毒は、栽培前の真夏の暑い時期に地面を透明マルチで覆い、太陽光により地温を上昇させて、病原菌や悪玉センチュウなどを退治する方法です。より地温が上がれば、雑草の種も死滅します。その効果を調べるため、太陽熱消毒を終えた畑と何もしていない畑に青首ダイコンの種をまき、生育とでき比べました。

条件

熱消毒時期：6〜9月。種まき時期：9月上旬。畝幅：60㎝。

秘ワザ 熱消毒畝栽培

まずは、効果的に熱消毒できるように土づくりをする。畝と周囲の通路部分に米ぬか500g/㎡を均一にまき、深さ20〜30㎝まで鍬でていねいに耕し、表面をならす。その後、深さ15㎝までしみこむように、時間をかけてたっぷり水をまく。

穴のない透明マルチを、たるまないようにぴったりと張る。消毒する範囲が広いときは、マルチを複数枚使ってすきまができないようにする。

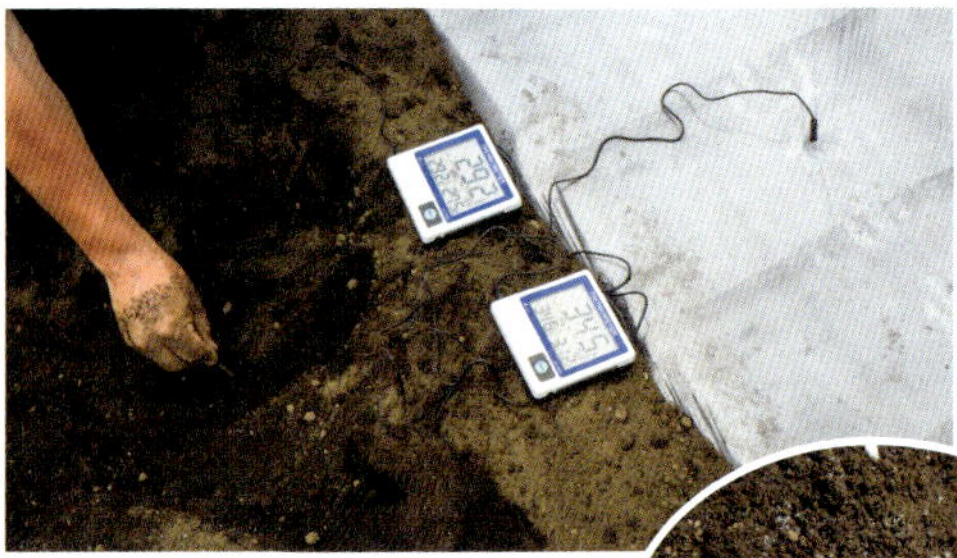

温度計を設置して、マルチを張ったところと張っていないところの地温を計測した。8月下旬には、マルチの下は55.8℃になったが、マルチをしていないところは42.4℃にとどまった。9月になったら透明マルチをはがし、肥料を施して土をかるく耕し、穴あき透明マルチを張って1穴に4粒ずつ種をまく。

マルチをはがすと、深さ10〜15㎝のところに白い菌群があらわれた。有用な放線菌の一種と推定され、有機物を分解するほか、病原菌を死滅させる効果も期待できる。

普通ワザ 未消毒畝栽培

熱消毒した部分と同様、未消毒部分にも施肥をして畝を立て、穴あき透明マルチを張って1穴に4粒ずつ種をまく。

検証結果 センチュウ害のない美しい根肌に

秘ワザ 熱消毒畝栽培

生育はきわめて旺盛。土壌由来の被害は見当たらず、真っ白でなめらかな根肌になった。根の伸びもよく、地上部を合わせて長さ60cmのロングサイズに。

普通ワザ 未消毒畝栽培

ネグサレセンチュウの被害と思われる、粟粒状のポツポツが現れた。地上部を合わせた長さは50〜55cmで、消毒畝よりひと回り小さい。

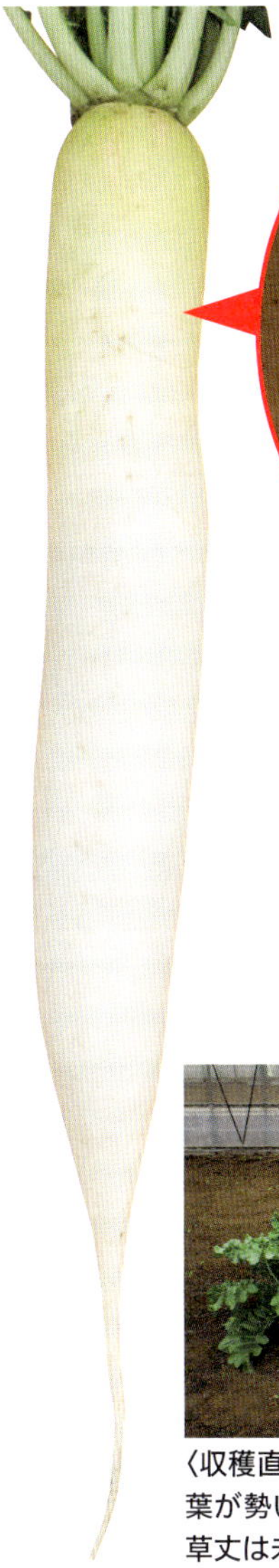

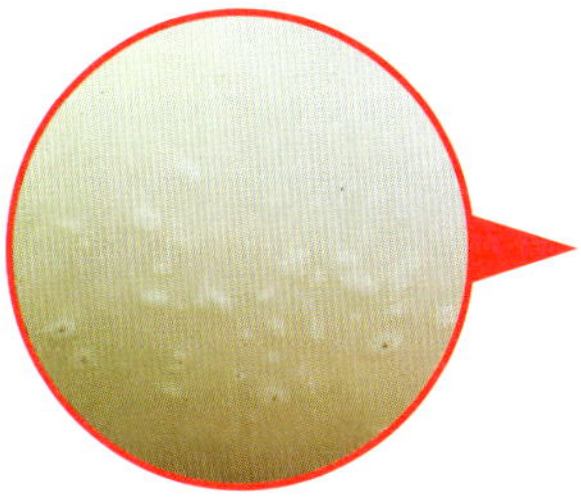

ネグサレセンチュウの被害と思われる粟粒状の白い凹凸が見られた。

害虫やセンチュウ、病気などによる被害はなく、根肌は真っ白でなめらか。

〈収穫直前〉
消毒畝に比べて葉の色が薄く、草丈も低い。下葉が黄色く枯れ始めている株がある。

〈収穫直前〉
葉が勢いよく立ち上がり、葉の色つやがよい。草丈は未消毒畝より高い。

2か月に及ぶ太陽消毒をした後の畑と、未消毒の畑で青首ダイコンを育てて、生育を比較すると、期待どおり、消毒をした畑からは白くてきれいな肌のダイコンがとれました。一方、未消毒の畑ではセンチュウ害が発生。太陽熱消毒は、病原体や害虫、センチュウなどに効果があったと考えてよいでしょう。「熱消毒畝」のほうは、雑草も少なかったので、種にも効果があることがわかりました。

予想外だったのは、「熱消毒畝」のほうが生育がよかったことです。地温を上昇させるためにまいた米ぬかが分解されて肥料になったと考えられます。それがダイコンの生長にも直結しました。

真夏の太陽を利用する消毒法は、手間なしで手軽。野菜の生育が悪いと感じたら、太陽熱消毒をしてみましょう。

マル秘 48

ダイコンの保温真冬まき

秘ワザ

保温真冬まき

徹底比較

栽培実験の目的と条件

目的

ダイコンは、発芽してから10℃以下の低温に1か月以上さらされると、花芽分化が始まってとう立ちします。一方、ビニールトンネルによる保温栽培で25～30℃の高温にあうと、花芽分化がリセットされる性質も持っています。つまり、夜間の低温で花芽分化が起こるものの、昼間の高温によって花芽分化が帳消しになり、株の生長と根の肥大が進むのです。こうした性質を生かすために、本来であればある程度の気温上昇が見込める時期に種をまくのが鉄則ですが、今回はこれに反してダイコンをあえて冬にまき、ビニールトンネルや不織布、マルチを駆使して保温効果を高めて育ててみました。

条件

種まき時期：2月上旬、収穫時期：5月上旬。畝幅：60㎝、畝の高さ：5㎝、株間：30㎝、条間：45㎝。

透明マルチを張り、1穴に種3粒を離して置き、指先で第1間接くらいの深さまで種を押し込む。使用した種は、春ダイコン、夏ダイコン、秋冬ダイコンの3種類。

保温方法は6とおり!

❶不織布のべたがけ

霜や寒風を防ぐだけでなく、通気性もある。昼に上昇した地温により、夜間も暖かく保たれる。ただし、透明なビニールトンネルほど地温は上がらない。

❷寒冷紗のトンネル

べたがけよりも空間が広いので、同じ被覆資材であればべたがけより暖かい。透明性が悪く日ざしが弱められるので、日中は温度が上がりにくいが、夜間は放射冷却を防いで保温効果は高い。

❸穴あきのビニールトンネル

晴れた日の日中はトンネル内はかなり高温になるが、換気用の穴があるので高温障害を起こすほどには上がらない。夜間は放射冷却によって温度が低下するが、換気穴のおかげで温度が下がり過ぎない。

❹穴あきのビニールトンネル＋不織布べたがけ

夜間は不織布によって放射冷却が抑えられるので、不織布の内側の温度は高く保たれる。湿度も高く保たれて、土が乾きにくい。

❺穴あきビニールと不織布を重ねたトンネル

ビニールの換気用の穴が不織布で覆われているので換気が抑えられ、晴れた日の日中は高温になる。夜間は不織布によって放射冷却が抑えられて、温度が保たれる。

❻穴あきビニールの二重トンネル

ビニールシートのすき間をあけて、二重にトンネルをかける。このすき間が断熱層になって保温効果が得られる。透明性が高いので光が通って地温が上がり、日照がじゅうぶんで徒長しにくい。

検証結果

保温効果で生育良好も、とう立ちあり

秘ワザ 保温真冬まき

より手厚く保温資材を施した保温方法❹～❻の生育がよく、なかでも❻がやや太いか。比較的簡単な保温方法をとった❶～❸の中で❸の生育がよかったことを考えると、❺と❻は透明度の高いビニールだけの被覆だったために光合成の量が多かったからかもしれない。

〈春ダイコンの収穫結果〉

❺穴あきビニールと不織布を重ねたトンネル
不織布のべたがけとトンネルの違いによる差はほとんど見られない。

❸穴あきのビニールトンネル
4月中旬の時点ではやや生育が遅れていたが、透明度の高いビニールトンネルの影響で、光合成量が増えて根が太ったと考えられる。

❷寒冷紗のトンネル
いちばん小さく見えるが、これが春ダイコンの標準サイズ。

❶不織布のべたがけ
4月中旬は生育が遅れていたが追いつき、標準サイズより大きくなった。

❹穴あきのビニールトンネル＋不織布べたがけ
地上部の生育がよく、根も相応に肥大している。

❻穴あきビニールの二重トンネル
ビニールトンネルで覆った4種類のなかでは、いちばん太いように見える。根の形がよい。

6本の畝を立てて、それぞれに種まきの適期が異なる3種類のダイコンの種をまき、6種類の保温資材で覆って生育を比べました。生育が遅かったのは、保温力が劣ると考えられていた不織布のべたがけと寒冷紗のトンネル、次いでビニールトンネルでした。ビニールトンネルに何らかの資材をプラスした3つのパターンは、生育旺盛でした。

3月下旬になると夏ダイコンがすべてとう立ちし、4月中旬になると秋冬ダイコンもとう立ちが始まりました。これは品種の特性のほか、例年になく降った大雪と低温も一因と考えられます。

一方、いずれの保温方法でも1本もとう立ちすることなかった春ダイコンは、5月上旬によい根を収穫できました。低温にたいして鈍感な春ダイコンの本領発揮。品種の違いと特性を実感しました。

マル秘49

ゴボウの波板栽培

徹底比較

栽培実験の目的と条件

目的

ゴボウは野菜の中でも湿気に弱く、水はけの悪い畑ではよく育ちません。また、地中1m近くまで伸びるので、深く耕さなければなりません。とくに最大の難関は収穫です。株の横に根の長さ分の深い穴を掘らなければならないので、かなりの負担がかかります。

そこで、畝の表面を斜めに掘り、ホームセンターなどで手に入るプラスチックの波板を重ねて、波板に沿ってはわせて栽培する方法を試みました。種まき前に耕す土の量も収穫の手間も削減できる省エネ栽培をめざします。

条件

種まき時期：3月下旬、収穫時期：9月中旬。畝スペース：150㎝×250㎝。幅80㎝、長さ150㎝、溝数20の波板を使用。種まき3週間前に土づくりをしておく。

秘ワザ 波板栽培

長方形の一端を深さ30㎝ほど掘り、地表面（種をまく位置）に向けてなだらかな傾斜をつくる。掘り出した土は、あとで波板にかぶせるので近くに盛り上げておく。

傾斜に波板をおき、一端が地表面と同じ高さになるように位置を調整する。

波板の上に厚さ3〜4㎝の土をかぶせ、均一にならしたら2枚めの板を重ねて土をかける。3枚め以降も同様。

1溝に1粒ずつ、波板同士の隙間にある土（溝奥）に種を押し込み、上の波板にのっている土を下の波板に落として覆土する。本葉2〜3枚になったら、株間を7〜10㎝にそろえる。本葉9〜10枚のころに、波板1枚につき7〜8gの化成肥料を株元に施す。

普通ワザ 深掘り栽培

地中1m近くまで掘り下げて、よく耕して畝をつくり、種をまく。

検証結果

収穫の負担を劇的に削減

秘ワザ

波板栽培

種まきから150〜180日後に収穫。波板を横からめくるように剥がし、根のまわりの土をどけてから傷めないように持ち上げるだけで収穫。とるとすぐに鮮度が落ちるゴボウも、必要な分だけ収穫できる。

波板をどかせば
すぐとれる!

普通ワザ

深掘り栽培

根が垂直に、地中深くまで伸び、株のまわり20〜30㎝の範囲に側根がびっしりと張る。一気に抜こうとすると途中で折れやすい。根を傷めないように、株元から30〜50㎝離れた場所から、天地返しをするように掘り始める。

掘り返すのが
たいへん!

種まき前の耕うんも、収穫も、「波板栽培」のラクさは普通栽培とは段違い。上から順番に波板を剥がし、食べたい分だけとれるので、土中で春先までもたせられるのも利点です。コツとしては、下から数枚の波板には晩成種、上の数枚に早生種をまくと、順番に長期間の収穫が楽しめます。

波板1枚当たり約10株育てる密植になるものの、一般的な作り方と収穫サイズは変わらず、波板に沿って生長するので、まっすぐのゴボウが収穫できます。

生育中は波板で遮られて水分を吸収しにくいため、水はけも抜群です。その代わり、雨が降らない日が続いたら水やりが必要ですが、この場合も水が波板に沿って流れるので、効率的に水分を吸収できます。追肥も水やりや雨の前日にすると効果的。

マル秘 50

サツマイモのらせん植え

秘ワザ

らせん植え

徹底比較

栽培実験の目的と条件

目的

サツマイモは、つる苗を植えると、葉柄の節から根が伸びていきます。その根が水や養分を吸収する「普通根」とデンプンを蓄積して肥大する「塊根（＝イモ）」に分化します。イモはつる苗の切り口に近い2～3節にもっともつきやすいといわれ、伸びたつるから出る根は、「つる返し」という繁茂したつるを持ち上げてひっくり返す作業によって切ってしまうのが一般的。しかし今回は、伸びたつるの節をそのつど埋めていって、つるの長さだけイモをつけることに挑戦します。省スペース化を図るため、畝を小山のように盛り上げて、山の斜面につるをらせん状に這わせます。

条件

植えつけ：4月下旬、収穫：10月中旬。小山直径：1.5m、小山高さ70㎝。元肥に草木炭を使用。

①畑の土を盛り上げ、直径1.5m、高さ70㎝の小山をつくる。

②元肥として、窒素を含まずカリが主成分の草木炭を施す。

③小山のふもとに、つるを伸ばす方向に向けて苗を植えつける。

山肌に沿って等高線を描くようにつるを埋める溝を切る。つるの節の部分を溝に収めて土を寄せ、しっかりと埋める。

8月上旬。つるが伸びてきたら、らせん状につるを伸ばし、そのつど節を土に埋めていく。

普通ワザ

普通栽培

2～3節につくイモに養分を集中させるため、つる返しを行う。

検証結果 99本のイモが鈴なりに

秘ワザ らせん植え

最終的に、地上部を刈り取り、スコップで山を崩しながら収穫。2品種を育てたが、どちらも多収穫に成功した。とくに安納紅は1本のつるから99本のイモがとれた。

普通ワザ 普通栽培

数値は5株の平均。少量だが、そろいのいいイモがとれた。

早期肥大性の『安納紅』と晩期肥大性の『紅赤』という生育特性が異なる2品種で試し、どちらも多収に成功しました。つるの伸長に合わせて節を埋めていくため、先端になるほど肥大期間が短くなるぶん、早期肥大性の『安納紅』のほうが多く食用サイズまで育ったものと思われます。

省スペースで、しかもサツマイモ苗1本から10kgを超える収穫が期待できる「らせん植え」ですが、やはり多少の手間はかかります。植えつけの前に小山をつくらなくてはいけませんし、生育中はつるを整理して節を埋めていく必要があります。つるが繁茂したら、らせん状に伸ばすつるを1本にしぼります。また生長が進むと土寄せが難しくなるので上からふるいで土をかけるなどする必要がありました。なお、つるが山頂に達したあとは放任しました。

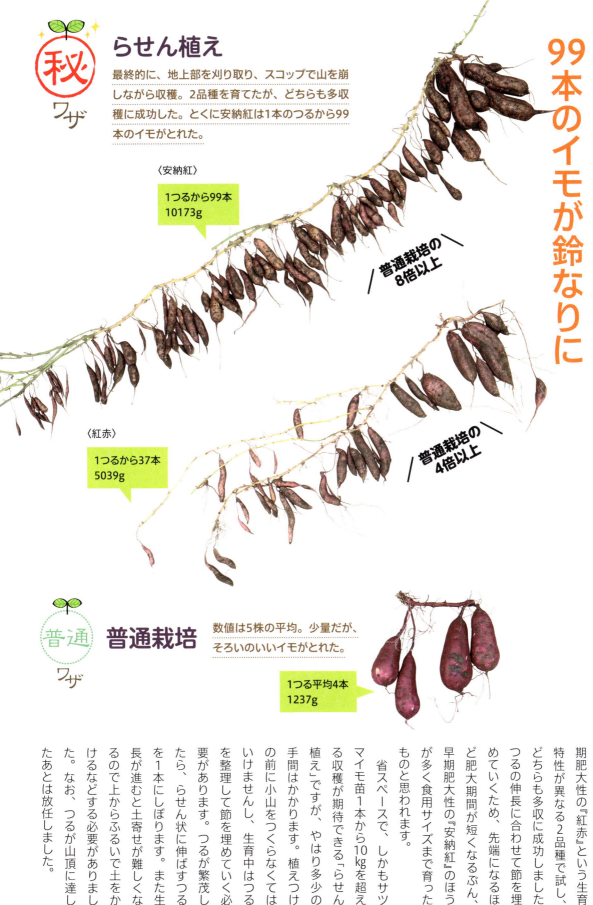

マル秘 51

サツマイモの丸ごと植え

徹底比較

栽培実験の目的と条件

目的

サツマイモは、つる苗を植えつける栽培法が主流ですが、好みの品種の苗や状態のよい苗が入手しにくいことがあります。そこで提案するのが、種イモの丸ごと植えです。江戸時代にサツマイモが日本に伝来した当初はイモをじかに植えていたと考えられているので、それほど突飛な栽培法ではありません。青果物として購入したイモを植えるだけなので、手軽で簡単。種イモの養分で育つので、初期生育も良好です。「丸ごと植え」のほかに、底を切ったペットボトルに種イモを入れて種イモの再肥大を抑える「ペットボトル植え」も試します。

条件

植えつけ時期：5月下旬〜6月上旬、収穫時期：11月上旬〜中旬。畝幅：70〜80cm、畝の高さ：30cm、株間：45cm。

秘ワザ 丸ごと植え

プランターに清潔な土を入れ、頭(つるがついていたほう)が少し出るように埋めて水やりする。ビニールシートをかぶせて、日当たりのよい室内に2〜3週間置いて芽出しをする。

芽がわずかに出た種イモを植えつける。種イモの上に20cmほどの土がのるように、植える深さを調節する。水はけと通気性をよくするため、高さ30cmの高畝にする。種イモから伸びるつる(芽)の、地中に埋まった節にイモがつくので、植える深さは厳守。

ポイント 植えつけ前に殺菌処理

黒斑病予防のため、できれば殺菌処理をしましょう。発泡スチロールなどの保温性の高い容器にイモを入れ、イモが浸るくらいまで約50℃の湯を注ぎ、ふたをして保温します。ときどき温度を測りながら47〜48℃を40分間保ち、処理後、イモの水気をふき取って植えつけます。

応用ワザ ペットボトル植え

ペットボトルの底を切り取り、ふたに千枚通しなどで直径5mm程度の穴をあける。穴が大きすぎると、根が突き抜けるので注意。種イモを、頭を上に向けてペットボトルに入れ、「丸ごと植え」と同様にプランターで芽出し処理をする。芽が出た種イモを、ペットボトルごと植えつける。種イモの上に20cmほどの土をかぶせるのは「丸ごと植え」と同じ。ペットボトルが長いときは、斜めに寝かせてもよい。

検証結果
70本の大収穫！ ペットボトル植えも成功！

秘ワザ

丸ごと植え

「イモづる式」の大収穫。種イモからたくさんのつるが伸びて、それぞれに子イモ（つる根イモ）ができる。種イモに直接できる子イモ（親根イモ）もあるので、イモの数が膨大になった。

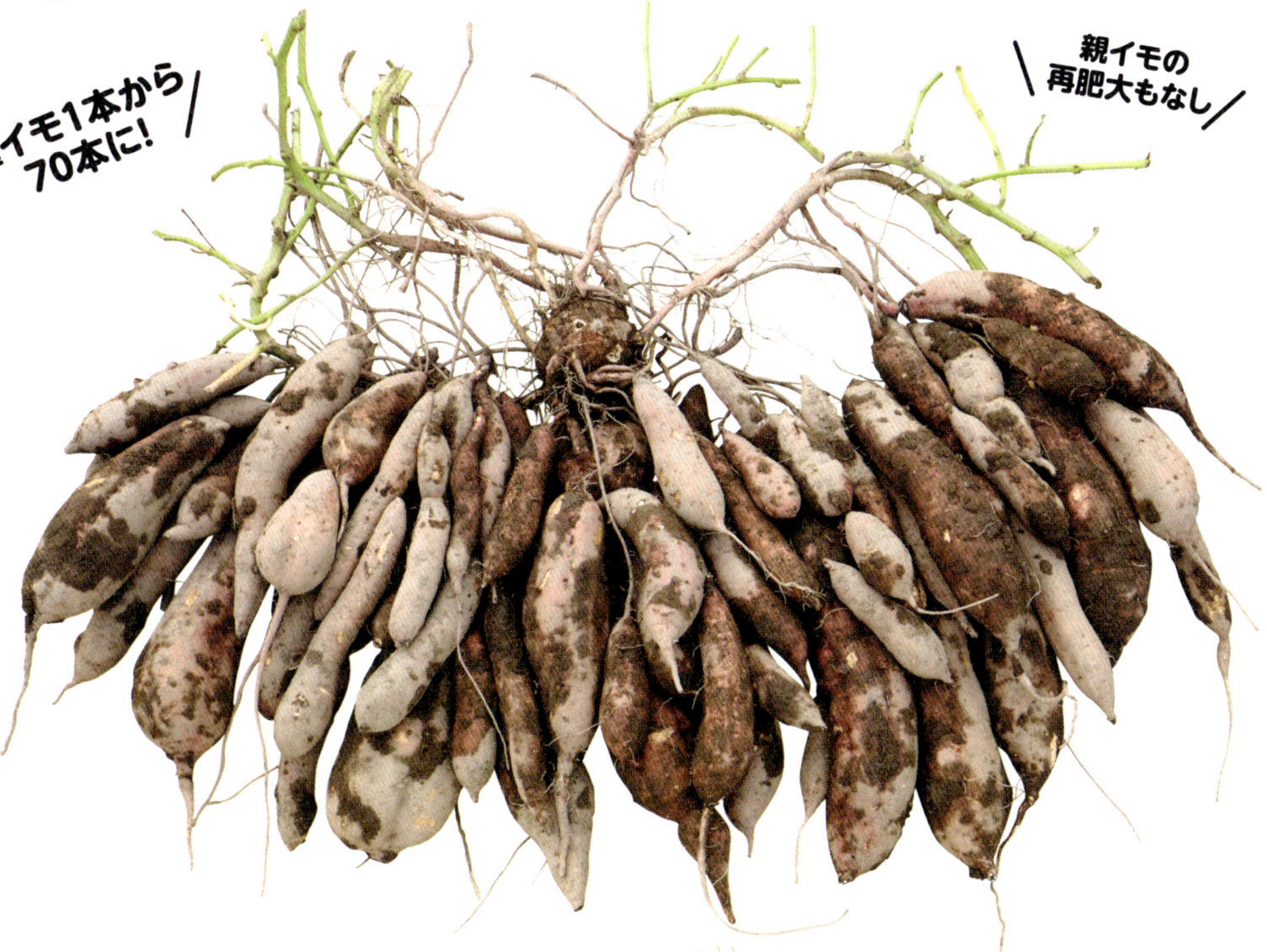

種イモ1本から70本に！
親イモの再肥大もなし

応用ワザ

ペットボトル植え

ペットボトルを中心に、子イモ（つる根イモ）が房なりについている。種イモから伸びた根は、ペットボトルの中で渦を巻いている。

「丸ごと植え」よりイモの数は少ないが、丸々と太ったイモができた。

大きさもそろっている。

ペットボトルが種イモの再肥大を抑制し、養分が子イモに回って肥大が促進される。

「丸ごと植え」は、心配された種イモの再肥大がなかったばかりか、子イモが70本もつきました。丸ごと植えの場合、種イモから伸びた複数のつるにつく子イモ（つる根イモ）と、種イモに直接つく子イモ（親根イモ）があります。従来のつる苗を植えるやり方でできるイモはつる根イモのことで、つる苗数十本分のイモができたと考えれば、70本も不思議ではありません。

ただし、品種によってはときに種イモが再肥大することがあり、その場合、子イモは小さくて少ししかできず、種イモはかたくておいしくありません。種イモの再肥大対策の「ペットボトル植え」はどうかというと、種イモから伸びたつるに根と子イモがつき、種イモから伸びる根はペットボトルの中に押し込められたまま。再肥大はなく、収量もまずまずでした。

マル秘 52

サツマイモの海藻・米ぬか・木炭栽培

秘ワザ

海藻・米ぬか・木炭栽培

徹底比較

栽培実験の目的と条件

目的

江戸時代に編纂された農書には、「海藻を腐らせてひとつまみ根元に置いてサツマイモを植えるとよくできる」という内容や、「米ぬかと木炭は、魚肥、油粕、牛馬のふんの次に上等な肥料」といったことがまとめられています。

海藻には、種類にもよりますが海水に含まれる数十種類のミネラルやアミノ酸、米ぬかはリン酸やチッ素、カリを含みます。木炭は灰と同様の天然資材で、土壌微生物をふやす働きがあります。こうした成分のはたらきを、サツマイモの比較栽培で確かめます。

条件

植えつけ時期：5月下旬、収穫時期：10月中旬。植えつけ時点では肥料を施さない。

❶海藻栽培

直径1.5mほどの円形の畝に3株を植えつけ、天日で乾燥させた海藻（アラメ）で株元を覆う。

❷米ぬか栽培

株間50cmで3株を植えつけ、バケツ1杯の米ぬかで土が隠れるくらいに株のまわりを覆う。

❸木炭栽培

1.5m×1.5mほどのエリアに3株を植えつけたが、木炭施用前に1株枯れたため、2株に。9kg分の木炭で株元を覆う。

普通ワザ

普通栽培

一般の土壌に、通常どおり苗を植えつけ、無肥料・放任栽培で育てる。

〈植えつけから2か月後のようす〉

❸木炭エリア

木炭で覆われた地面からは雑草がほとんど生えず、高い除草効果が認められた。木炭の下の土には細かい団粒構造の土がみられるが、サツマイモの根は広範囲には伸びていない様子。

❷米ぬかエリア

米ぬかの発酵・分解が進んでいる証拠に、微生物のコロニーである白い塊が散見でき、カビなどもみられる。一部、株が傷んだのは、分解時に発生したガスなどが悪影響を及ぼしたためと思われる。

❶海藻エリア

海藻は、天日でカラカラになっても雨にぬれると海にあったときのような湿った状態に戻る。海藻の分解はあまり進んでいないようだが、海藻の下の土は、団粒構造化が進み、ふかふかになっている。

秘ワザ

古の農書栽培

検証結果

甘さは「米ぬか」、収量は「海藻」

❶海藻栽培

大中小、いろいろな大きさのイモがつき、重量は1番。イモの形がよい。糖度も数値上は「米ぬか」と遜色なく、食べてみると十分に甘い。

重量2.5kg
糖度15.5度
つるの長さ370cm

❷米ぬか栽培

「海藻」や「木炭」に比べるとイモの数が少なめだが、丸々と太り、大きさや形はちょうどよい。糖度はいちばん高い数値となった。

重量1.5kg
糖度16.5度
つるの長さ380cm

❸木炭栽培

1つ1つのイモはそれほど大きくないが、サイズがそろい、肌もきれい。イモの数がもっとも多く、順調に育った。

重量1.8kg
糖度14.3度
つるの長さ330cm

普通ワザ

普通栽培

イモの大きさは平均しているが、形状は、長細いものや丸いものなど、不ぞろい。数値上の糖度はもっとも低い。

重量1.4kg
糖度13.1度
つるの長さ325cm

もっとも収量があったのは「海藻栽培」で、1株平均2・5kgで3〜4個のひじょうに大きなイモと小ぶりなものが数個とれました。

次に収量があったのが「木炭栽培」で、1株平均1・8kg。「海藻栽培」の大きなイモよりは若干小ぶりですが、1株に6〜8個ついたイモはどれも形や大きさがそろっており、食べやすいサイズです。

「米ぬか栽培」の平均収量は1・5kg。イモの大きさは「木炭栽培」の株とほぼ同じですが、数が少なめでした。ただし、追熟させて収穫の1か月後に糖度を測ったところ、16・5度ともっとも高い値を示したのは、この「米ぬか栽培」です。

無肥料・放任の普通栽培は、収量は1株平均1・4kg、糖度は13・1度といずれも「海藻」「米ぬか」「木炭」には及びませんでした。

マル秘 53

サトイモの分家栽培

徹底比較

秘ワザ 分家栽培

6月上旬に出芽し、7月上旬にはわき芽が20〜30㎝に。親株とわき芽の間に移植ゴテをぐっと差し込み、イモからわき芽を切り離し、掘り上げる。

親株(本家)から2本のわき芽(分家)を採り、別の場所へ植えつけ。施肥、水やりをする。

植えつけから1か月後、無事活着した分家株。

栽培実験の目的と条件

目的

熱帯雨林地域では、サトイモによく似たタロイモが畑や水田で栽培されていますが、その多くは種イモからではなく、苗から育てます。その苗とは、収穫したイモから切り出した茎のこと。つまり挿し芽です。

そこで、タロイモの仲間であるサトイモでも同じようなことができないかと考えてみました。通常のサトイモ栽培ではイモの肥大を促すために親株のまわりから出るわき芽をかくのが一般的ですが、それを捨てずに挿し芽にし、いわば「分家」させて株数を増やし、増収をねらいます。

条件

植えつけ時期：4月下旬、収穫時期：11月上旬。株間：約50㎝、深さ約10㎝。7･8月に土寄せし、元肥同様、ボカシ肥を株元に1にぎり追肥。分家は元肥のみ。

普通ワザ 普通栽培

芽かきをせず、そのまま育てる。栽培法は「分家栽培」と同じ。

検証結果
総収量がなんと2倍に！

秘ワザ

分家栽培

無事、分家にもイモがつき、総収量で「普通栽培」を圧倒した。本家だけの収量でも3割増しの増収となった。

本家2538g

普通ワザ

普通栽培

イモの数こそ多かったものの全体的には小ぶりで、挿し芽をしなくとも芽かきは不可欠だと証明された。

分家②458g

普通栽培（芽かきなし）1901g

分家①858g

この2つのイモがほぼ同サイズ

7月上旬に分家作業をしましたが、心配していた分家にも、しっかりイモがつきました。特筆すべきは、本家単体も、芽かきなしより3割増しの収量だったこと。やはり、サトイモ栽培に芽かきは不可欠なようです。

8月に分家作業をした株もあったのですが、猛暑と雨の少なさがたたって活着が悪く、消失してしまったり、親イモの収量まで少なくなってしまいました。

サトイモは本葉が5～6枚展開するころまでに親イモができますが、種イモからわき芽が伸びていると、その基部に第2、第3の親イモができます。8月の分家では種イモのわき芽だけでなく、親イモのわき芽（後に子イモになる）も含まれていたと思われます。芽かきのタイミングは7月上旬、本葉5～6枚のときを目安とするとよいでしょう。

マル秘54

サトイモの親イモ逆さ植え

徹底比較

栽培実験の目的と条件

目的

サトイモは、植えつけた種イモの芽が地上に出ると、茎（葉柄）が膨らんで親イモに育ちます。この親イモに複数の子イモができ、さらに孫イモ、ひ孫イモができるというのが、イモが増えていく仕組みです。そう考えると、収量を上げるためには種イモに十分な栄養分が蓄えられていることが必須。それなら、植えつける種イモに親イモを使えばよいのではないかと考えました。さらに、サトイモを逆さに植えつけることで、親イモが種イモの近くにできるようにすれば、低温や乾燥が防げ、収量を上げることができるはずだと予測しました。

条件

植えつけ時期：4月下旬、収穫時期：10月以降。畝幅：40㎝、高さ：5～10㎝、株間：40㎝。植えつける深さは20㎝程度。発芽がそろったころと梅雨明け前の2回、追肥。

秘ワザ 親イモ逆さ植え

親イモを入手する。あるいは、保存しておいた種イモを取り出し、親イモから子イモや孫イモを外す。さらに親イモの枯れた外皮をむしり取り、傷みがなく頑丈な芽がついているかどうかを確認する。親イモを選定したら植え溝を掘り、芽を下向きにして植えつける。倒れてしまう場合は、溝に立てかけるようにするとよい。

芽を下に

普通ワザ 普通植え

子イモか孫イモを種イモにして、芽を上に向けて植えつける。畑の条件や管理は、「親イモ逆さ植え」と同様にする。

ポイント 畑の状況に応じた管理を

- 子イモの芽 ➡ 親イモ植えの場合、親イモから生長してできた子イモから勢いよく芽が伸びてきたら、地際からはさみで切り取る。
- イモが地表に出たとき ➡ 雨風で土が流れるなどしてイモが地表に出てしまったときは、追肥をしたときに軽く土寄せをする。
- 乾燥対策 ➡ 乾燥するときは、薄く敷きわらをする。厚く敷くと雨が浸透しにくくなるので、要注意。

秘ワザ 親イモ逆さ植え

どっしりとした親イモの周りに、大きさのそろったたくさんのイモがついている。子イモ、孫イモだけでなく、ひ孫イモもしっかりと育っていることに注目。親イモの重量は1.5kg、可食部の重量は4.4kgと、普通植えを大きく上回る。

検証結果 大きさのそろったイモがごろごろ

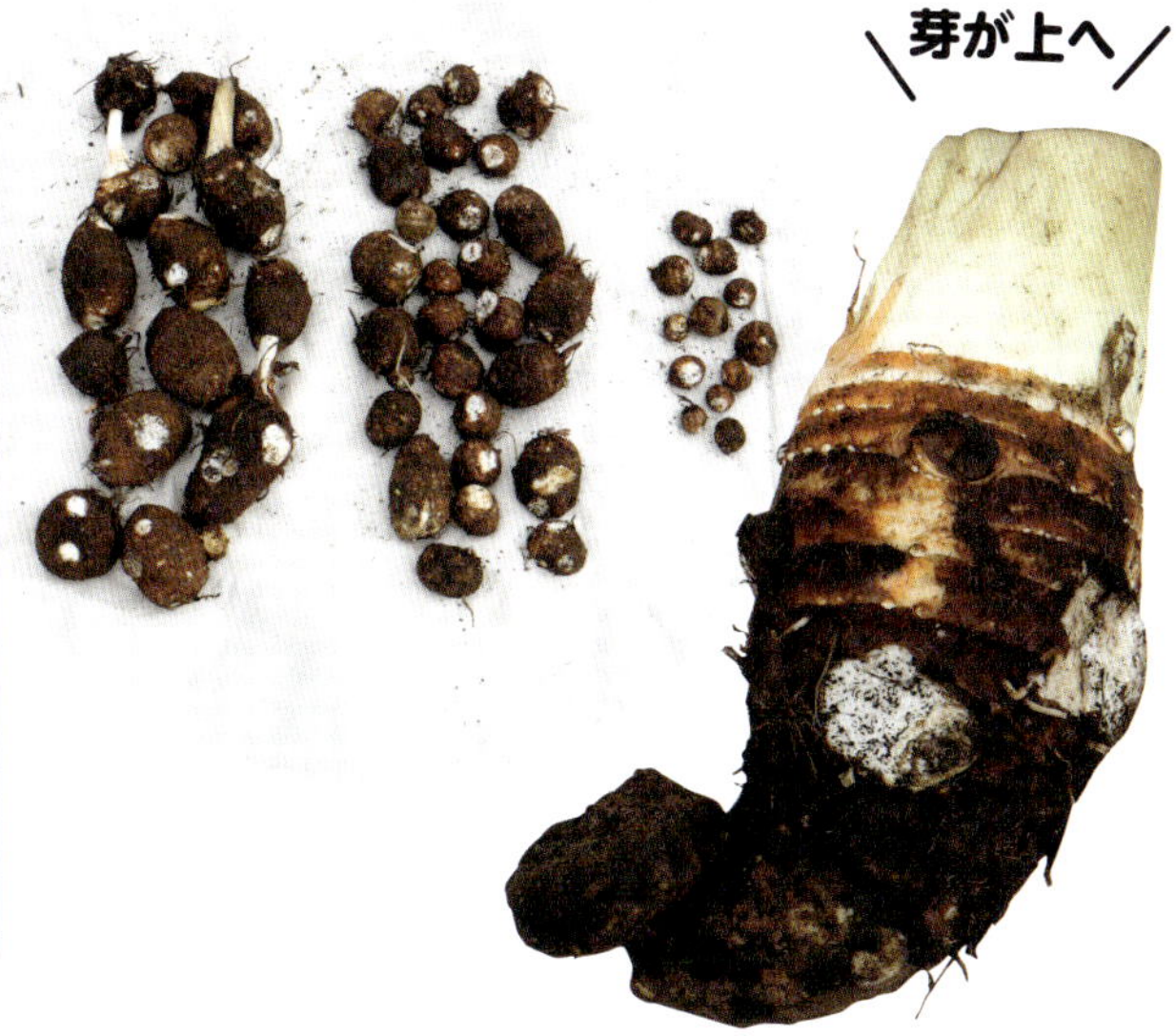

〈親イモのようす〉
茎ががっちりと太く、逆さ植え特有のJ字形になっている。

普通ワザ 普通植え

収量としては十分なものの、「親イモ植えつけ術」に比べるとイモが小さく、子イモ、孫イモ、ひ孫イモ、どれも数が少ない。親イモの重量は0.9kg、可食部の重量は1.8kgで、「親イモ逆さ植え」の半分以下となった。

〈親イモのようす〉
「親イモ植えつけ術」に比べると、イモも小さく、茎も細い。

収穫したイモの姿と量を比較すると、生育の差は明らかです。芽生えこそ、「親イモ逆さ植え」は「普通植え」よりも10日ほど遅かったのですが、梅雨入りのころには「普通植え」の背丈を追い越す生長ぶりでした。気温が安定したころに芽が出たため傷みがなく、栄養分が安定して供給され、健全に育ったためではないかと考えられます。わき芽がほとんどなく、芽かきの手間が省けるというおまけもついて、助かりました。

「普通植え」も、それなりの収量となりました。しかし、芽を上に向けて植えると、種イモより地表に近いところに親イモができるため、乾燥防止に気を配らなければなりませんでした。また、イモを太らせるために、子イモから出た芽を取り除いたり、土寄せをしたりと、手間もかかりました。

マル秘55

サトイモとショウガの混植

徹底比較

栽培実験の目的と条件

目的

サトイモは、収穫が楽しみな反面、春から晩秋までの長きに渡って畑を占領してしまう点が悩みの種でもあります。そこで、サトイモと相性の良い作物を混植すれば畑の有効利用につながり、悩みが解消できるのではないかと考えました。生育に水分を必要とするサトイモの葉や茎は、株元およびその周囲に水を集めやすい形をしています。大きな葉は株間に日陰をつくってしまいますが、水分を好み、日陰でも元気に育つショウガなら、うまく栽培できるのではないかと予測しました。サトイモとショウガは、植えつけから収穫までの時期や管理が似ていることもポイントです。

条件

植えつけ時期：4月下旬～5月中旬、収穫時期：11月上旬～11月下旬。コンテナにサトイモ1個を逆さ植えにして比較。

普通ワザ　サトイモの単植

用土（コンテナの高さの半分程度）を入れたコンテナの中央に、下向きにした芽を折らないように注意して種イモを挿し込む（逆さ植え）。その後、種イモを用土で覆い、さらに腐葉土を厚めに敷いて、たっぷり水をやる。種イモには、尖った芽が少し出ているくらいのものを選ぶと確実な生長が見込める。

秘ワザ　ショウガとの混植

サトイモの単植と同様にサトイモを逆さ植えにしたら、コンテナの四隅に種ショウガを植えつける。種ショウガは、芽が3～4つ出ているものを選ぶ。四隅にショウガを置いたら用土で覆い、上から腐葉土を被せて水をたっぷりやる。

ポイント　ビニールで覆い温度と水分を保つ

コンテナ栽培の場合は、温度と水分を保つため、芽がある程度伸びてくるまで上部をビニールで覆っておく。蒸れないように、串先などでビニールに穴を開ける。

検証結果
大きさがそろいショウガも収穫

秘ワザ
ショウガとの混植

サトイモの単植と比較すると、葉の葉脈がすっきりと伸び、一定のペースで生長したことがわかる。サトイモの収量に大きな差はなかったが、子イモのサイズがそろっていたことが特徴。ショウガも十分に収穫できた。

普通ワザ
サトイモの単植

生長過程では、大きな葉をつけ元気に育った。ただし、収穫前の葉を見ると葉脈の伸び方が一定せず、同じ管理をしたにもかかわらず、過湿と乾燥を繰り返したことが窺える。サトイモの収量は混植とほぼ同じだが、子イモのサイズにばらつきがあった。

〈収穫直前の地上部のようす〉

サトイモの葉はがっしり

ショウガも元気に生長

葉数が多い

子イモの大きさがそろいショウガも収穫

「ショウガとの混植」で育てたサトイモは、水分も養分もショウガと分け合ったため、必要以上に大きくならず、引き締まった葉になったようです。親イモが必要以上に大きくなることもなく、最終的には子イモが大きく育ち、さらにサイズがそろったと考えられます。

「サトイモの単植」は、サイズがそろっているという点では「ショウガとの混植」に及びませんでしたが、収量はほぼ同じでした。このような結果から「ショウガとの混植」は、生長促進や畑の有効利用につながるだけでなく、品質向上にも役立つといえそうです。

なお、サトイモは連作障害が出やすいといわれていますが、「ショウガとの混植」にして、年ごとに植える場所を入れ替えれば、同じ畝でも栽培することができます。

マル秘56

サトイモの逆さ植え

徹底比較

栽培実験の目的と条件

目的

サトイモは、通常栽培では芽の出るところを上に向けて種イモを植えますが、親イモはその上にできるので、地表に露出するのを防ぐために土寄せをして育てます。ところが、芽を下に向けて植えると、種イモの下から伸びた芽がUターンして地表へ向かうため、親イモは種イモのほぼ真横にできます。種イモを植えた深さ８㎝ほどの地中は、温度と水分が一定に保たれているので、イモの肥大がよくなります。しかも、親イモが露出しないので、土寄せは不要なはず。さらに、じゅうぶんに温かくなってから生長するので、傷みが少なく健全に育つと期待します。

条件

植えつけ時期：4月下旬、収穫時期：11月下旬。畝幅：60〜70㎝、畝の高さ：10㎝、株間：30〜50㎝。

秘ワザ　逆さ植え

芽を下に向けて植えつける。種イモを強く押し込むと芽が傷むので、注意する。イモの上部が深さ8㎝程度になるように土で覆う。水やりは不要。

種イモは養分を使い果たして消え、親イモが大きく肥大する。子イモ、孫イモは肥大途中だが、大きさはほぼそろっている。子イモからは茎葉がほとんど出ていない。

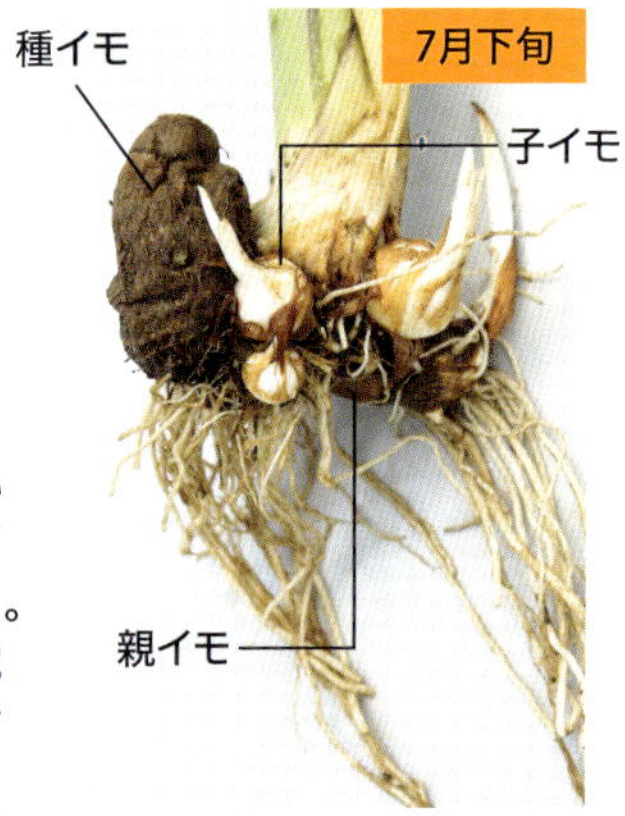

種イモの横に親イモが形成され、親イモの周囲に子イモができて芽が伸び始めている。

普通ワザ　普通植え

芽の出るところを上に向けて植えつける、一般的なやり方。種イモの向き以外は逆さ植えと同じ。

親イモ、子イモ、孫イモの順に小さい。とくに孫イモはまだ小さい。

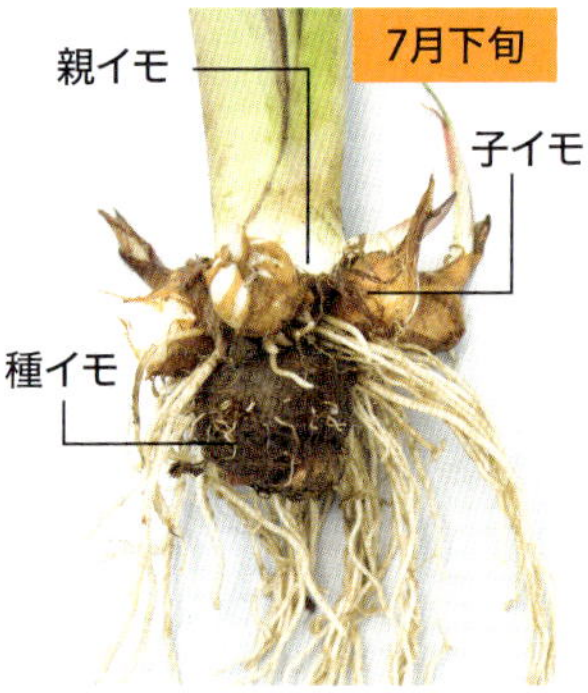

種イモの上に親イモができて茎葉が伸び、親イモのまわりに子イモができている。

検証結果 収量が大幅アップ。そろいも良好

秘ワザ

逆さ植え

大きなかたまりになり、親イモを覆い隠すようにイモがたくさんついている。イモを1個ずつ切り離してみると、数が多く、ひ孫イモまで大きく育っている。

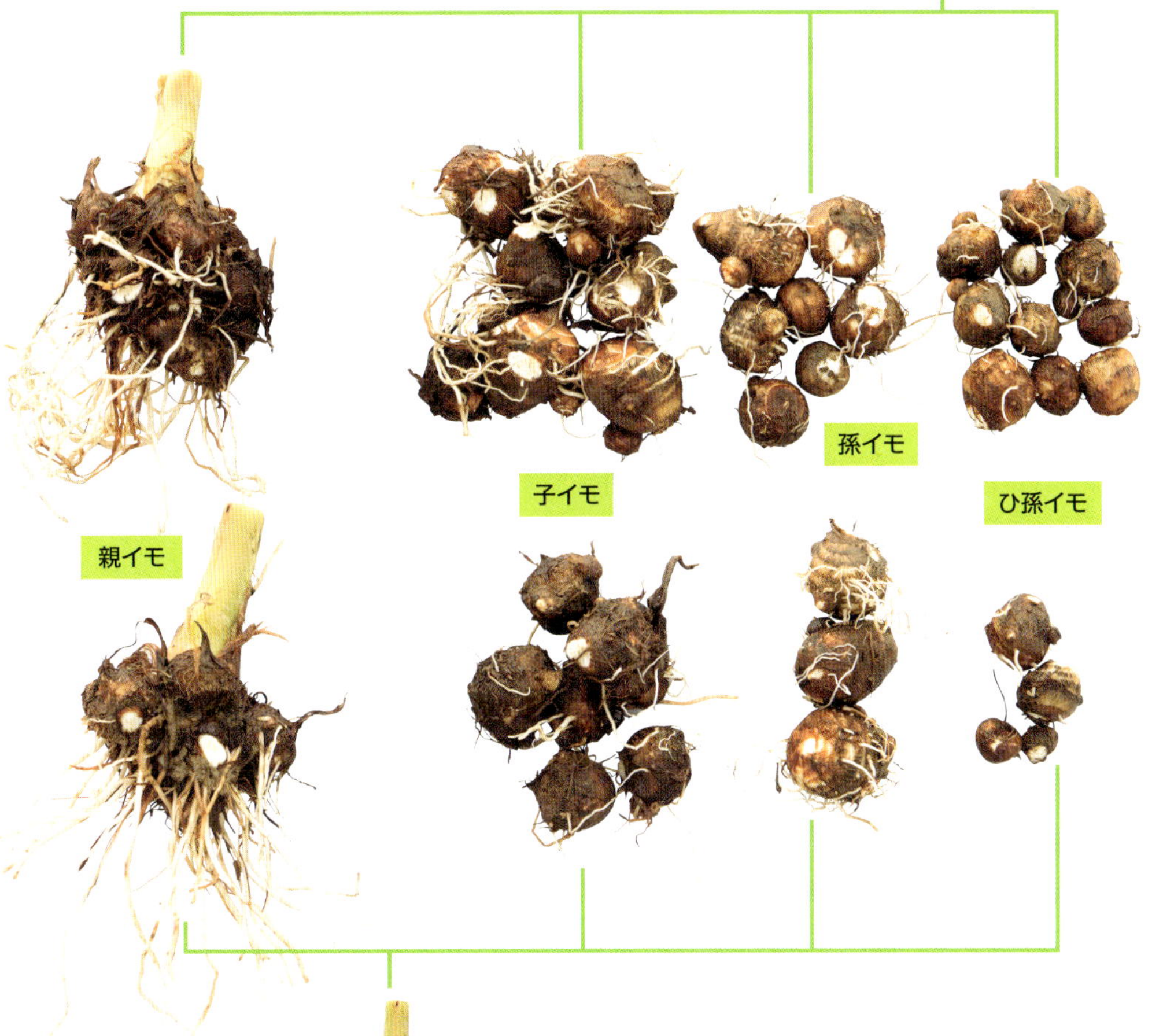

普通ワザ

普通植え

イモの数が少なく、全体的に小さい。親イモの上に鈴なりに子イモ、孫イモなどがついている。分割してみると、親→子→孫→ひ孫と徐々に小さくなっている。

11月下旬に収穫してみたところ、収量の違いは明らかでした。「逆さ植え」は掘り出したかたまり自体が大きく、十重二十重にイモがついていました。イモを切り離して親、子、孫、ひ孫にまとめてみると、数が多いだけでなく、個々のイモもじゅうぶんに肥大していました。夏以降の地上部は、親イモから伸びた葉が出ているだけで、子イモからの茎葉はほとんど出ていません。

一方、「普通植え」は、子、孫、ひ孫の順に小粒になり、数も少なめです。地上部には、親イモの茎葉のまわりに、子イモから伸びた小さな茎葉が見えていました。「普通植え」では、充実したイモを作るため、子イモ、孫イモから出る芽をかき取ったり、土に埋めたりしますが、「逆さ植え」はイモが深い位置にできるので芽が出にくくなります。

マル秘57

サトイモの踏み倒し栽培

栽培実験の目的と条件

目的

サトイモのイモの肥大が急速に進むのは、気温が下がって茎葉の生長が衰えてからのこと。通常は初霜が降りる数週間前からといわれます。そこで、この時期と同じ状況を踏み倒すことで人工的に作り、子イモ、孫イモを大きく育てようというのが「踏み倒し栽培」。
サトイモはおもに子イモ、孫イモ、ひ孫イモを食用とします。そこで、親イモに蓄えられていた養分を「踏み倒し」によって早めに子イモ、孫イモに転流させてイモを肥大させる、という栽培を試みます。踏み倒した2～3日後、自然に起き上がってくるはずです。

条件

植えつけ時期：4月上旬～5月下旬、収穫時期：11月中旬。畝幅：50cm、畝の高さ：15cm、株間：45cm。

徹底比較

秘ワザ 踏み倒し栽培

収穫1か月前の10月上旬～中旬の晴れた日の夕方、つぶさない程度に茎を踏みつける。踏み倒しには、株の水分が少なくなって、葉が少ししおれているくらいがよい。強く踏み過ぎてポキリと折らないように注意。

踏み倒し後、2～3日かけて茎が起き上がってくるのが理想的。親イモの養分が子イモや孫イモに回って肥大し、大きさがそろう。

ポイント 探り掘りをする

孫イモやひ孫イモができる前に踏み倒しても意味がないので、平均的な1株を選び、探り掘りをして孫イモ、ひ孫イモができているか確認するとよい。

普通ワザ 普通栽培

踏み倒しをせずにそのまま栽培を続ける。10月上旬、気温が下がり始めて葉の伸びが悪くなり、茎に触れると内部がスカスカとしてやわらかくなっている。11月上旬、寒さが増して葉の生長が止まり、一部は黄色く枯れ始めたら、初霜がくる前に収穫。

検証結果

重さ2割増！　大イモ率高し。

秘 ワザ

踏み倒し栽培

「普通栽培」に比べて小さなイモが少なく、大～中型のイモが多かった。親イモからの養分の転流が進んだ結果と考えられる。踏み倒されたため、株元付近はねじれてやわらかくなっている。

イモのそろいがよく、大きなものが多かった。

総収量　29個（1.51kg）
小型のイモ12個

普通 ワザ

普通栽培

イモがたくさんついてはいるが、小さなイモが多い。踏み倒しをしていないので、親イモから茎がまっすぐに伸びている。

小さめのイモが多かった。

総収量　26個（1.25kg）
小型のイモ16個

掘り上げて全体を見ただけでは、良しあしを判断できませんでしたが、親イモから子イモ、孫イモ、さらにひ孫イモをはずしていくと、違いがはっきりと分かるようになりました。ひ孫イモはさすがに小粒でしたが、孫イモは「踏み倒し栽培」のほうがひと回り大きく、子イモのサイズに迫るものが多くなっていました。

1株当たりの重量は、踏み倒し栽培のほうが断然重く、茎を踏み倒しただけで収量が約2割もアップしたことになります。養分の転流が盛んになるとイモの充実が進み、「普通栽培」よりも早く収穫することができます。

「踏み倒し栽培」のほうの親イモが細くなったのは、養分の転流が進んでやせたためと考えられます。一方、「普通栽培」の親イモは丸々と太り、養分をたっぷりと蓄えた状態でした。

マル秘58

ショウガのまとめ植え

徹底比較

栽培実験の目的と条件

目的

種ショウガを大きな塊のまま植えつけると、収量が少なくなることがよくあります。これは、種ショウガ自体の老化が進み、子孫を残すための「生殖生長」の段階に入っているためです。種ショウガを分割して植えると刺激が与えられ、一種の若返りが起こります。「栄養生長」が旺盛に行われ、茎や葉が大きく伸び、同時に地下部の茎である「根茎」もよく肥大します。今回はこれを加え、小分けした種ショウガを3つまとめて植えることにも挑戦します。ショウガと同じ単子葉類のネギなどは、幼苗3本をまとめて植えると生育が格段によくなることが知られているのです。

条件

植えつけ時期：5月中旬、収穫時期：11月中旬。畝幅：70㎝、畝の高さ：10㎝、株間：30～40㎝。覆土は約5㎝と薄くし、生育に合わせて覆土する。

秘ワザ　まとめ植え

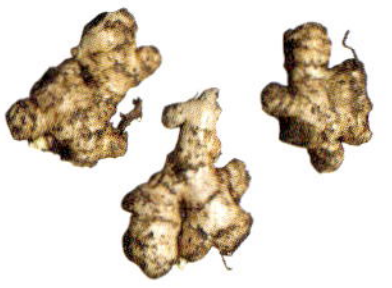

小さめの1個40gほどの種ショウガを3個まとめ植え。いずれも芽のある側を上に向けて、くっつかない程度に間隔を空けて並べて置く。芽が15㎝ほどに伸びたら、敷きわらを敷く。

ポイント　手で割って分割する

「まとめ植え」をするために分割するときは、芽を傷つけないよう、1かけにつき2～3個の芽があるように注意する。また、ナイフなどで切り分けると不自然な場所で繊維質を切断してしまい、傷みやすくなる。

応用ワザ　1かけ植え

種ショウガをやや大きめの80gに割ったものを、芽を上向きにして1つだけで植える。

普通ワザ　丸ごと植え

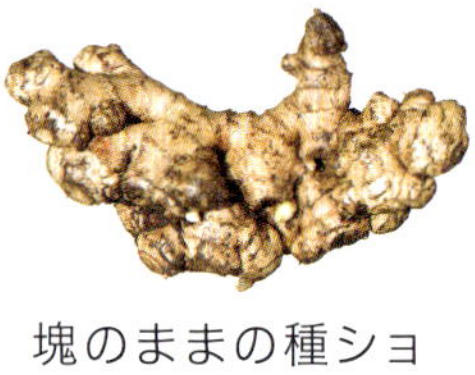

塊のままの種ショウガを、割らずにこのまま植えつける。重さは200g、長さは15㎝程度。

検証結果

約5倍の収量達成！　品質も向上

㊙ワザ　まとめ植え

茎の数、葉数の多さも圧倒的。地上部の大きさもさることながら、根茎も大きい。重さでいえば「丸ごと植え」の約5倍。植えつけた種ショウガとの重さと比較すると、新ショウガは約10倍になった。鮮やかな黄色でやわらかく、厚みがあり、香りもよく味もさわやか。

応用ワザ　1かけ植え

「丸ごと植え」と比べて種ショウガの重さが半分以下だったにもかかわらず、大健闘。草丈は70cmほどまで伸び、新ショウガも程よく育った。

普通ワザ　丸ごと植え

茎の数は徐々に増えたものの、草丈は大きくならずに50cm止まり。新たに伸びた新ショウガの部分もあまり肥大しないまま。新ショウガの断面は繊維質が強く、色も悪い。辛味が強く、舌に苦みが残った。

夏ごろから生育に差が出始め、初霜前の収穫期になると、「まとめ植え」の地上部の旺盛な茂り方は、遠目にも分かるほどでした。

掘り上げてみても、地下部の根茎の量は地上部の生育に比例していて、「まとめ植え」の圧勝。あれほど大きな種ショウガを使った「丸ごと植え」は、もっとも収量が少ない結果となりました。

食味を比べてみても、その差は歴然。「まとめ植え」の新ショウガはやわらかく、水分も豊富で香り高いものに。さわやかな辛みを感じました。「丸ごと植え」は外見からの予想どおり、口に入れると思わず「まずい」とつぶやいてしまうほど。

「1かけ植え」は、収量、食味ともに、両者の中間でした。分割した種ショウガ1かけを植えたものが、丸ごと植えたものを凌駕しました。

栽培指導

木嶋利男 (マル秘技1、6、8、10、12、14、17、22、25、34、36、37、40、41、55、56、57、58)
豊泉 裕 (マル秘技2、3、4、9、18、20、21、28、29、30、35、38、39、42、44、48)
和田義弥 (マル秘技5、7、13、15、23、24、26、31、32、43、45、46、50、52、53)
五十嵐 透 (マル秘技11、16、19、27、33、47)
芦田貴裕 (マル秘技49)
麻生健洲 (マル秘技51)
伊東 久 (マル秘技54)

スタッフ

デザイン ハーモナイズ デザイン(松森雅孝、柳沢由美子)
編集協力 豊泉多恵子、たいらくのぶこ
写真 片岡正一郎、阪口 克、若林勇人、高橋 稔、瀧岡健太郎、大鶴剛志、高木あつ子、福岡将之、飯田安国
校正 鴎来堂
イラスト 前橋康博

ひと工夫でこんなに差が出る!
驚きの家庭菜園マル秘技58

2019年4月1日 第1版発行

編 者 『やさい畑』菜園クラブ
発行者 髙杉 昇
発行所 一般社団法人 家の光協会
〒162-8448 東京都新宿区市谷船河原町11
電話 03-3266-9029(販売)
03-3266-9028(編集)
振替 00150-1-4724
印 刷 図書印刷株式会社
製 本 図書印刷株式会社

乱丁・落丁本はお取り替えいたします。
定価はカバーに表示してあります。

ISBN978-4-259-56611-1 C0061